1949-2019
新中国气象事业70周年

亮丽内蒙古
气象同守望

新中国气象事业70周年·内蒙古卷

内蒙古自治区气象局

图书在版编目（CIP）数据

新中国气象事业70周年. 内蒙古卷 / 内蒙古自治区气象局编著. -- 北京：气象出版社，2020.1
　ISBN 978-7-5029-7158-8

Ⅰ.①新… Ⅱ.①内… Ⅲ.①气象－工作－内蒙古－画册 Ⅳ.①P468.2

中国版本图书馆CIP数据核字(2020)第247292号

新中国气象事业70周年·内蒙古卷
Xinzhongguo Qixiang Shiye Qishi Zhounian · Neimenggu Juan

内蒙古自治区气象局　编著

出版发行：	气象出版社		
地　　址：	北京市海淀区中关村南大街46号	邮政编码：	100081
电　　话：	010–68407112（总编室）　　010–68408042（发行部）		
网　　址：	http://www.qxcbs.com	E – mail：	qxcbs@cma.gov.cn
策划编辑：	周　露		
责任编辑：	张锐锐　刘瑞婷	终　　审：	吴晓鹏
责任校对：	张硕杰	责任技编：	赵相宁
装帧设计：	新光洋（北京）文化传播有限公司		
印　　刷：	北京地大彩印有限公司		
开　　本：	889 mm×1194 mm　1/16	印　　张：	13.75
字　　数：	350 千字		
版　　次：	2020 年 1 月第 1 版	印　　次：	2020 年 1 月第 1 次印刷
定　　价：	298.00 元		

本书如存在文字不清、漏印以及缺页、倒页、脱页等，请与本社发行部联系调换

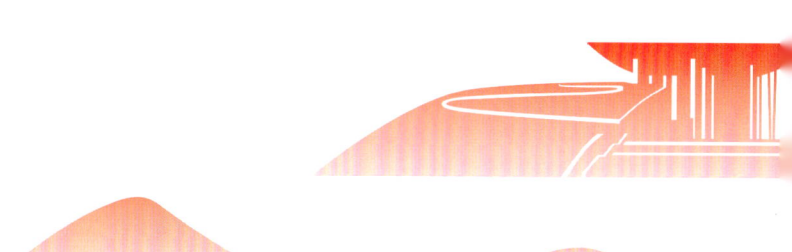

《新中国气象事业70周年·内蒙古卷》编委会

总策划： 党志成
策　划： 李彰俊　裴　浩　杨志捷　乌兰巴特尔　邢金熠
总　编： 刘俊林
副总编： 汝凤军
编　辑： 高　莉　魏兴杰　薛瑞平　贾晓燕　郭明霞
　　　　　　王祯晗　余亚庆　王　琳　李巍巍　张新禹

总 序

1949年12月8日是载入史册的重要日子。这一天，经中央批准，中央军委气象局正式成立，开启了新中国气象事业的伟大征程。

气象事业始终根植于党和国家发展大局，与国家发展同行共进、同频共振。 伴随着国家发展的进程，气象事业从小到大、从弱到强、从落后到先进，走出了一条中国特色社会主义气象发展道路。新中国成立后，我们秉持人民利益至上这一根本宗旨，统筹做好国防和经济建设气象服务。在国家改革开放的大潮中，我们全面加速气象现代化建设，在促进国家经济社会发展和保障改善民生中实现气象事业的跨越式发展。党的十八大以来，我们坚持以习近平新时代中国特色社会主义思想为指导，坚持在贯彻落实党中央决策部署和服务保障国家重大战略中发展气象事业，开启了现代化气象强国建设的新征程。70年气象事业的生动实践深刻诠释了国运昌则事业兴、事业兴则国家强。

气象事业始终在党中央、国务院的坚强领导和亲切关怀下，与伟大梦想同心同向、逐梦同行。 党和国家始终把气象事业作为基础性公益性社会事业，纳入经济社会发展全局统筹部署、同步推进。毛泽东主席关于气象部门要把天气常常告诉老百姓的指示，成为气象工作贯穿始终的根本宗旨。邓小平同志强调气象工作对工农业生产很重要，江泽民同志指出气象现代化是国家现代化的重要标志，胡锦涛同志要求提高气象预测预报、防灾减灾、应对气候变化和开发利用气候资源能力，都为气象事业发展指明了方向，鼓舞着我们奋勇前行。习近平总书记特别指出，气象工作关系生命安全、生产发展、生活富裕、生态良好，要求气象工作者推动气象事业高质量发展，提高气象服务保障能力，为我们以更高的政治站位、更宽的国际视野、更强的使命担当实现更大发展，提供了根本遵循。

在党中央、国务院的坚强领导下，一代代气象人接续奋斗、奋力拼搏，气象事业发生了根本性变化，取得了举世瞩目的成就。

70年来，我们紧紧围绕国家发展和人民需求，坚持趋利避害并举，建成了世界上保障领域最广、机制最健全、效益最突出的气象服务体系。

面向防灾减灾救灾，我们努力做到了重大灾害性天气不漏报，成功应对了超强台风、特大洪水、低温雨雪冰冻、严重干旱等重大气象灾害，为各级党委政府防灾减灾部署和人民群众避灾赢得了先机。我们建成了多部门共享共用的国家突发事件预警信息发布系统，努力做到重点灾害预警不留盲区，预警信息可在10分钟内覆盖86%的老百姓，有效解决了"最后一公里"问题，充分发挥了气象防灾减灾第一道防线作用。

面向生态文明建设，我们构建了覆盖多领域的生态文明气象保障服务体系，打造了人工影响天气、气候资源开发利用、气候可行性论证、气候标志认证、卫星遥感应用、大气污染防治保障等服务品牌，开展了三江源、祁连山等重点生态功能区空中云水资源开发利用，完成了国家和区域气候变化评估，组织了四次全国风能资源普查，探索建设了国家气象公园，建立了世界上规模最大的现代化人工影响天气作业体系，人工增雨（雪）覆盖 500 万平方公里，防雹保护达 50 多万平方公里，有力推动了生态修复、环境改善，气象已经成为美丽中国的参与者、守护者、贡献者。

面向经济社会发展，我们主动服务和融入乡村振兴、"一带一路"、军民融合、区域协调发展等国家重大战略，主动服务和融入现代化经济体系建设，大力加强了农业、海洋、交通、自然资源、旅游、能源、健康、金融、保险等领域气象服务，成功保障了新中国成立 70 周年、北京奥运会等重大活动和南水北调、载人航天等重大工程，积极引导了社会资本和社会力量参与气象服务，服务领域已经拓展到上百个行业、覆盖到亿万用户，投入产出比达到 1 ∶ 50，气象服务的经济社会效益显著提升。

面向人民美好生活，我们围绕人民群众衣食住行健康等多元化服务需求，创新气象服务业态和模式，大力发展智慧气象服务，打造"中国天气"服务品牌，气象服务的及时性、准确性大幅提高。气象影视服务覆盖人群超过 10 亿，"两微一端"气象新媒体服务覆盖人群超 6.9 亿，中国天气网日浏览量突破 1 亿人次，全国气象科普教育基地超过 350 家，气象服务公众覆盖率突破 90%，公众满意度保持在 85 分以上，人民群众对气象服务的获得感显著增强。

70 年来，我们始终坚持气象现代化建设不动摇，建成了世界上规模最大、覆盖最全的综合气象观测系统和先进的气象信息系统，建成了无缝隙智能化的气象预报预测系统。

综合气象观测系统达到世界先进水平。气象观测系统从以地面人工观测为主发展到"天—地—空"一体化自动化综合观测。现有地面气象观测站 7 万多个，全国乡镇覆盖率达到 99.6%，数据传输时效从 1 小时提升到 1 分钟。建成了 216 部雷达组成的新一代天气雷达网，数据传输时效从 8 分钟提升到 50 秒。成功发射了 17 颗风云系列气象卫星，7 颗在轨运行，为全球 100 多个国家和地区、国内 2500 多个用户提供服务，风云二号 H 星成为气象服务"一带一路"的主力卫星。建立了生态、环境、农业、海洋、交通、旅游等专业气象监测网，形成了全球最大的综合气象观测网。

气象信息化水平显著增强。物联网、大数据、人工智能等新技术得到深入应用，形成了"云＋端"的气象信息技术新架构。建成了高速气象网络、海量气象数据库和国产超级计算机系统，每日新增的气象数据量是新中国成立初期的 100 多万倍。新建设的"天镜"系统实现了全业务、全流程、全要素的综合监控。气象数据率先向国内外全面开放共享，中国气象数据网累计用户突破 30 万，海外注册用户遍布 70 多个国家，累计访问量超过 5.1 亿人次。

气象预报业务能力大幅提升。从手工绘制天气图发展到自主创新数值天气预报，从站点预报发展到精细化智能网格预报，从传统单一天气预报发展到面向多领域的影响预报和风险预警，气象预报预测的准确率、提前量、精细化和智能化水平显著提高。全国暴雨预警准确率达到 88%，强对流预警时间提前至 38 分钟，可提前 3～4 天对台风路径做出较为准确的预报，达到世界先进水平。2017 年中国气象局成为世界气象中心，标志着我国气象现代化整体水平迈入世界先进行列！

70 年来，我们紧跟国家科技发展步伐和世界气象科技发展趋势，大力加强气象科技创新和人才队伍建设，我国气象科技创新由以跟踪为主转向跟跑并跑并存的新阶段。

建立了较为完善的国家气象科技创新体系。我们不断优化气象科技创新功能布局，形成了气象部门科研机构、各级业务单位和国家科研院所、高等院校、军队等跨行业科研力量构成的气象科技创新体系。强化气象科技与业务服务深度融合，大力发展研究型业务。加快核心关键技术攻关，雷达、卫星、数值预报等技术取得重大突破，有力支撑了气象现代化发展。坚持气象科技创新和体制机制创新"双轮驱动"，形成了更具活力的气象科技管理制度和创新环境。气象科技成果获国家自然科学奖 26 项，获国家科技进步奖 67 项。

科技人才队伍建设取得丰硕成果。我们大力实施人才优先战略，加强科技创新团队建设。全国气象领域两院院士 35 人，气象部门入选"千人计划""万人计划"等国家人才工程 25 人。气象科学家叶笃正、秦大河、曾庆存先后获得国际气象领域最高奖，叶笃正获国家最高科学技术奖。一系列科技创新成果和一大批科技人才有力支撑了气象现代化建设。

70 年来，我们坚持并完善气象体制机制、不断深化改革开放和管理创新，气象事业从封闭走向开放、从传统走向现代、从部门走向社会、从国内走向全球。

领导管理体制不断巩固完善。坚持并不断完善双重领导、以部门为主的领导管理体制和双重计划财务体制，遵循了气象科学发展的内在规律，实现了气象现代化全国统一规划、统一布局、统一建设、统一管理，形成了中央和地方共同推进气象事业发展、共同建设气象现代化的格局，满足了国家和地方经济社会发展对气象服务的多样化需求。

各项改革不断深化。坚持发展与改革有机结合，协同推进"放管服"改革和气象行政审批制度改革，全面完成国务院防雷减灾体制改革任务，深入推进气象服务体制、业务科技体制、管理体制等改革,初步建立了与国家治理体系和治理能力现代化相适应的业务管理体系和制度体系,为气象事业高质量发展注入强大动力。

开放合作力度不断加大。与近百家单位开展务实合作,形成了省部合作、部门合作、局校合作、局企合作的全方位、宽领域、深层次国内开放合作格局。先后与160多个国家和地区开展了气象科技合作交流,深度参与"一带一路"建设,为广大发展中国家提供气象科技援助,100多位中国专家在世界气象组织、政府间气候变化专门委员会等国际组织中任职,气象全球影响力和话语权显著提升,我国已成为世界气象事业的深度参与者、积极贡献者,为全球应对气候变化和自然灾害防御不断贡献中国智慧和中国方案。

气象法治体系不断健全。建立了《气象法》为龙头,行政法规、部门规章、地方法规组成的气象法律法规制度体系,形成了由国家、地方、行业和团体等各类标准组成的气象标准体系,气象事业进入法治化发展轨道。

70年来,我们始终坚持党对气象事业的全面领导,以政治建设为统领,全面加强党的建设,在拼搏奉献中践行初心使命,为气象事业高质量发展提供坚强保证。

70年来,气象事业发展历程中人才辈出、精神璀璨,有夙夜为公、舍我其谁的开创者和领导者,有精益求精、勇攀高峰的科学家,有奋楫争先、勇挑重担的先进模范,有甘于清苦、默默奉献的广大基层职工。一代代气象人以服务国家、服务人民的深厚情怀,谱写了气象事业跨越式发展的壮丽篇章;一代代气象人推动着气象事业的长河奔腾向前,唱响了砥砺奋进的动人赞歌;一代代气象人凝练出"准确、及时、创新、奉献"的气象精神,激发起干事创业的担当魄力!

70年的发展实践,我们深刻地认识到,**坚持党的全面领导是气象事业的根本保证**。70年来,在党的领导下,气象事业紧贴国家、时代和人民的要求,实现健康持续发展。我们坚持以习近平新时代中国特色社会主义思想为指导,增强"四个意识",坚定"四个自信",做到"两个维护",把党的领导贯穿和体现到气象事业改革发展各方面各环节,确保气象改革发展和现代化建设始终沿着正确的方向前行。**坚持以人民为中心的发展思想是气象事业的根本宗旨**。70年来,我们把满足人民生产生活需求作为根本任务,把保护人民生命财产安全放在首位,把老百姓的安危冷暖记在心上,把为人民服务的宗旨落实到积极推进气象服务供给侧结构性改革等各方面工作,促进气象在公共服务领域不断做出新的贡献。**坚持气象现代化建设不动摇是气象事业的兴业之路**。70年来,我们坚定不移加强和推进气象现代化建设,以现代化引领和推动气象事业发展。我们按照新时代中国特色社会主义事业的战略安排,谋划推进现代化气象强国建设,确保气象现代化同党和国家的发展要求相适应、同气象事业发展目标相契合。**坚持科技创新驱动和人才优先发展是气象事业的根本动力**。70年来，我们大力实施科技创新战略，着力建设高素质专业化干部人才队伍，集中攻关制约气象事业发展的核心关键技术难题，促进了气象科技实力和业务水平的不断提升。**坚持深化改革扩大开放是气象事业的活力源泉**。70年来，我们紧跟国家步伐，全面深化气象改革开放，认识不断深化、力度不断加大、领域不断拓展、成效不断显现，推动气象事业在不断深化改革中披荆斩棘、破浪前行。

铭记历史，继往开来。《新中国气象事业70周年》系列画册选录了70年来全国各级气象部门最具有历史意义的图片，生动全面地记录了气象事业的发展足迹和突出贡献。通过系列画册，面向社会充分展示了气象事业70年来的生动实践、显著成就和宝贵经验；展现了气象事业对中国社会经济发展、人民福祉安康提供的强有力保障、支撑；树立了"气象为民"形象，扩大中国气象的认知度、影响力和公信力；同时积累和典藏气象历史、弘扬气象人精神，能够推动气象文化建设，凝聚共识，汇聚推进气象事业改革发展力量。

在新的长征路上，气象工作责任更加重大、使命更加光荣，我们将以习近平新时代中国特色社会主义思想为指导，不忘初心、牢记使命，发扬优良传统，加快科技创新，做到监测精密、预报精准、服务精细，推动气象事业高质量发展，提高气象服务保障能力，发挥气象防灾减灾第一道防线作用，以永不懈怠的精神状态和一往无前的奋斗姿态，为决胜全面建成小康社会、建设社会主义现代化国家做出新的更大贡献！

中国气象局党组书记、局长：刘雅鸣

2019年12月

前 言

在中华人民共和国成立 70 周年之际，内蒙古自治区气象局按照中国气象局统一部署，组织精干力量编纂这本图文并茂的画册，摘要记述 70 年来自治区气象事业从小到大、由弱至强的发展历程，是十分及时和必要的。

新中国诞生为内蒙古自治区气象事业建设和发展开辟了广阔前景。70 年来，自治区气象局历届领导班子在自治区党委、政府和中国气象局的正确领导下，团结率领全区各族气象工作者坚持"服务第一"宗旨，艰苦创业，在气象业务现代化建设、气象服务工作拓展、干部职工队伍建设、气象法治建设、气象党建和文化建设、台站网建设等方面得到长足发展和进步，气象服务手段和能力不断增强。在为国防建设、自治区经济建设以及防灾减灾救灾、保护人民生命财产安全等服务中，取得令人瞩目的成绩。气象服务的经济、社会和生态效益十分显著。多年来，全区各级气象部门多次获得党委、政府及社会各界的肯定和好评。

70 年来，全区广大气象干部职工克服困难，不畏艰险，大力弘扬"准确、及时、创新、奉献"的气象精神，努力践行"吃苦耐劳、一往无前"的蒙古马精神，始终传承"勇于吃苦、甘于奉献、昂扬向上、开拓进取"的内蒙古气象人精神，实现了由被动服务向主动服务、由单项服务向综合服务、由粗放服务向精细服务、由传统服务向现代服务的转变，推动内蒙古气象事业实现了跨越式发展。

通过编纂、出版这本画册,必将进一步加强新时期爱国主义教育、改革开放教育和艰苦奋斗光荣传统教育,激励广大气象干部职工继续解放思想、敬业奉献,为内蒙古气象事业高质量发展做出新的更大贡献。

党志成

目 录

- 总序
- 前言
- 内蒙古自治区气象局概述篇 …………………………… 1
- 党和政府亲切关怀篇 …………………………………… 9
- 气象助力经济社会发展篇 ……………………………… 33
- 现代气象业务篇 ………………………………………… 103
- 气象科技创新篇 ………………………………………… 151
- 气象管理体系篇 ………………………………………… 167
- 交流与合作篇 …………………………………………… 175
- 党建、党风廉政建设和精神文明建设篇 ……………… 179
- 台站风貌篇 ……………………………………………… 197
- 后记 ……………………………………………………… 203

内蒙古自治区气象局概述篇

内蒙古自治区气象局于1954年9月16日正式成立，之前隶属军队；1953年起，归属自治区人民政府；1983年后，实行中国气象局和自治区人民政府双重领导、以中国气象局管理为主的双重管理体制和双重计划财务体制，承担着国家气象事业和地方气象事业发展管理职能。

基本情况

中华人民共和国成立以来，特别是党的十八大以来，在自治区党委政府和中国气象局的领导下，全区气象部门立足地区实际，突出全面从严治党，突出加快发展，突出和谐稳定，坚持融入发展强化供给，坚持创新发展强化支撑，坚持依法发展强化保障，凝心聚力，开拓进取，各项工作扎实推进，助力自治区经济社会发展取得明显成效。

气象综合观测能力明显增强。初步建成门类比较齐全、布局基本合理的综合气象观测网，2154个区域自动气象观测站实现苏木乡镇全覆盖。天气雷达18部，监测覆盖全区70%以上地区。215个自动土壤水分站基本覆盖重点粮食生产区及生态脆弱区。39个闪电定位仪组成的雷电自动观测网覆盖全区大部分地区。"四站一中心"气象卫星遥感业务布局形成，成立了高分辨率对地观测系统内蒙古数据与应用中心，卫星遥感对地观测系统实现多领域应用。

气象预测预报能力明显提升。一批实用性强的短时临近、短期、气候预测业务平台投入运行。预报范围涵盖了自治区、盟（市）、旗（县）并精细到苏木乡镇，时效由短时临近延伸到旬、月、季、年和年代际。现代预测预报业务体系基本形成。暴雨、雷电和冰雹等突发性灾害天气预警提前量，高于全国平均水平。

公共气象服务能力明显提高。大力推进被动服务向主动服务、单一服务向综合服务、粗放服务向精细服务、传统服务向现代服务转变。建立并优化了公共气象服务组织体系，完善气象服务管理运行机制，制定服务标准，规范了涵盖农业、牧业、生态等的气象服务流程。自治区、盟（市）、旗（县）三级公共气象服务平台和预警信息发布平台初步建立，广播、电视、报纸、互联网站、手机短信等媒体，乡村大喇叭、气象信息服务站及电子显示屏、预警收音机、"草原110"等众多手段有机结合，构成独具特色的气象信息发布网络。公众气象服务满意度稳定在90分左右。

气象预报预警服务能力和水平的显著提升，为自治区经济社会发展提供了多层次、全方位的气象服务，效益十分显著，得到党政部门和社会各界的普遍赞誉。

气象队伍学历层次、职称结构、专业分布逐步优化，队伍整体素质显著提高，科技创新和人才队伍建设支撑保障能力显著增强。气象事业发展环境不断优化，气象法律法规政策体系不断健全。加强基层基础工作，基层台站工作生活环境明显改善。持续推进全面从严治党，履行党建工作责任制，大力推进党风廉政建设，气象文化建设蓬勃开展，和谐稳定发展大局愈加巩固，精神文明建设取得新成效。

与此同时，安全生产、气象宣传科普、目标管理、督查督办、机要保密、外事管理等各项工作不断加强。老干部"两项待遇"得到落实。

组织机构

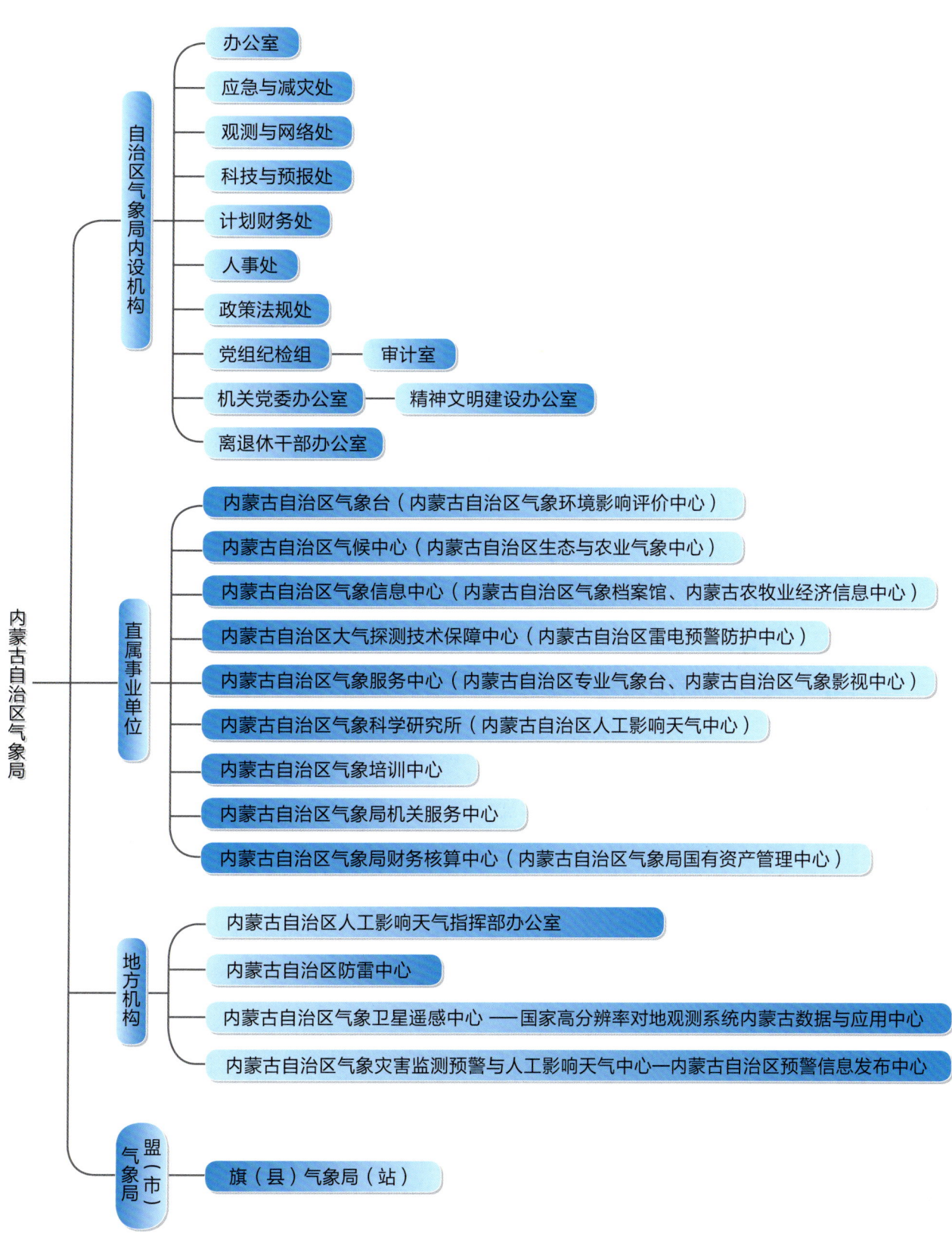

历届领导班子

▲ 1958年,内蒙古自治区气象局第一届班子部分成员陪同中央气象局局长涂长望(左六)考察达茂旗气象局

▲ 1979年,内蒙古自治区气象局部分领导班子成员参加学习

▲ 1989年,国家气象局局长邹竞蒙(中)在呼和浩特新城宾馆接见内蒙古自治区气象局领导班子

◀ 1994 年，内蒙古自治区气象局党组班子成员在呼和浩特市参加会议

1997 年，内蒙古自治区气象局党组班子全体成员参加全区气象部门人事工作会议 ▶

▲ 1998年，内蒙古自治区气象局党组班子集体研究工作

▲ 2000年，内蒙古自治区气象局领导班子参加全区气象局长工作研讨会

▲ 2011年10月25日，内蒙古自治区气象局党组领导班子参加秋季党组中心组学习会

▲ 2019年7月30日，内蒙古自治区气象局领导班子参加全区气象部门汛期气象服务再动员再部署电视电话会议

党和政府亲切关怀篇

　　内蒙古自治区气象事业的发展进程，凝聚了各级领导的亲切关怀和大力支持。多年来，中央领导，中国气象局领导，自治区党委、人大、政府、政协领导，多次莅临内蒙古自治区气象部门视察、调研，听取气象工作汇报，慰问一线业务职工，并对内蒙古自治区气象事业的发展做出重要指示和细致指导。特别是在2018年，中国气象局刘雅鸣局长两次莅临内蒙古自治区气象局视察工作，会见自治区党委书记李纪恒，并就推动内蒙古自治区气象事业高质量发展达成共识，这充分体现了中国气象局和自治区党委、政府对内蒙古自治区气象事业的高度重视和殷切期望。在各级领导的指导和支持下，内蒙古自治区全体气象干部职工众志成城、奋发努力，出色完成了各项改革发展任务，推动内蒙古自治区气象事业发展不断迈上新台阶。

地方领导关怀

▲ 20世纪70年代，内蒙古自治区党委书记尤太忠（前排左三）视察人工防雹土火箭施放情况

▲ 1980年10月17日，内蒙古自治区党委书记王群（左）会见中央气象局副局长邹竞蒙（右）

▲ 1995年5月18日，内蒙古自治区党委书记刘明祖（右二）到自治区气象局视察

▲ 2003年，内蒙古自治区党委书记储波（左一）参观生态建设展览气象部分

▲2018年2月4日，内蒙古自治区党委书记李纪恒（右）会见中国气象局局长刘雅鸣（左）

▲20世纪80年代，内蒙古自治区人大主任巴图巴根（左一）视察自治区气象局

▲ 2018年5月11日，内蒙古自治区主席布小林（左）调研自治区气象局工作

▲ 2005年8月4日，内蒙古自治区党委副书记杨利民（前排左二）一行到自治区气象局视察

2009年7月29日,自治区党委常委、纪委书记巴特尔(左)会见中纪委驻中国气象局纪检组组长孙先健(右)

▲2011年3月15日,内蒙古自治区党委副书记李佳(中)调研内蒙古气象工作

▲2011年10月14日,内蒙古自治区党委常委曹征海(一排左二)到呼伦贝尔市气象局调研森林草原防扑火预警能力建设

20世纪90年代,内蒙古自治区人大副主任伊钧华(中)参加全区气象科技成果展开幕式 ▶

◀ 1993 年 5 月 19 日，内蒙古自治区政府副主席张廷武（右二）视察自治区气象局

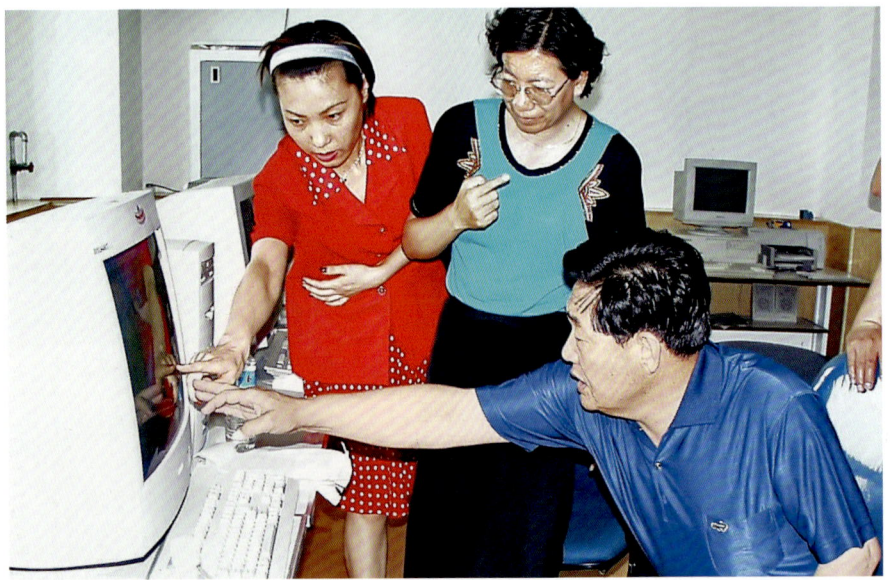

◀ 1998 年 5 月 13 日，内蒙古自治区政府副主席傅守正（右一）肯定森林防扑火气象服务工作

◀ 1998 年 7 月 29 日，内蒙古自治区副主席周德海（右一）、郝益东（左二）视察自治区气象局

2004年,内蒙古自治区政府雷·额尔德尼副主席(左)到自治区中部增雨基地了解飞机增雨作业情况

2017年2月21日,内蒙古自治区副主席王玉明(右三)调研呼伦贝尔市气象局工作

2017年4月20日,内蒙古自治区政府副主席张华(中)调研内蒙古自治区气象工作

2018年7月23日，内蒙古自治区副主席李秉荣（一排中）到内蒙古自治区气象局调研工作

2018年2月4日，内蒙古自治区政府副主席李秉荣（中右）陪同中国气象局局长刘雅鸣（中左）调研呼和浩特气象站工作

2019年6月1日，内蒙古自治区政府副主席李秉荣（一排右四）出席2019年气象科技下乡暨科学伴我行活动走进突泉

2019年6月19日，内蒙古自治区政府副主席李秉荣（中）在大兴安岭秀山雷电火灾扑救前线指挥部肯定气象服务工作

1998 年，内蒙古自治区政协主席王占（中）听取自治区气象局工作汇报

2016 年 5 月 23 日，内蒙古自治区政协主席任亚平（右二）调研内蒙古气象工作

2018 年 5 月 17 日，内蒙古自治区政协副主席其其格（一排中）到自治区气象局调研

中国气象局领导关怀

◀ 20世纪60年代，中央气象局局长饶兴（右二）在内蒙古自治区气象科研所毕克齐农业气象实验基地视察

1989年10月17日，▶ 国家气象局局长邹竞蒙（一排左二）视察内蒙古自治区气象局

▲ 2005年7月19日，中国气象局局长温克刚（前左三）到包头市气象局考察调研

▲ 2010年8月9日，中国气象局局长温克刚（左三）视察指导呼伦贝尔市气象局工作

▲ 2003年8月9日，中国气象局局长秦大河（右二）视察指导包头市气象局工作

2011年4月18日，中国气象局局长郑国光（中）在内蒙古自治区通辽市气象局听取工作汇报

2016年1月30日，中国气象局局长郑国光（中左）、内蒙古自治区政府副主席常军政（中右）听取自治区气象局工作汇报

2016年1月28日，中国气象局局长郑国光（左一）慰问兴安盟突泉县气象局

▲ 2018年2月5日，中国气象局局长刘雅鸣（左二）调研内蒙古自治区气象改革发展工作

▲ 2018年2月4日，中国气象局局长刘雅鸣（左二）调研呼和浩特市气象站工作

▲ 2018年5月23日，中国气象局局长刘雅鸣（左三）在内蒙古自治区突泉县调研气象助力精准扶贫工作

▲ 2018年5月23日，中国气象局局长刘雅鸣（左一）和自治区副主席李秉荣（左二）参观内蒙古自治区突泉县五三村紫皮蒜种植基地

▲ 2018年5月23日，中国气象局局长刘雅鸣（左）与内蒙古自治区突泉县五三村贫困户亲切交谈

▲ 2018年5月23日，中国气象局局长刘雅鸣（左二）和自治区李秉荣副主席（右一）在突泉县聚美恒果四季采摘园调研气象助力精准扶贫工作

▲ 2006年1月31日,中纪委驻中国气象局纪检组组长孙先健同志(左一)视察内蒙古自治区气象部门

▲ 2006年7月31日,中国气象局副局长李黄(左三)视察鄂尔多斯市气象局

◀ 2006年5月31日,中国气象局副局长张文建(前排左二)参加内蒙古自治区森林火场天气会商

◀ 2015年10月16日，中国气象局副局长许小峰（前排左）参加兴安盟突泉县北厢学校电教室共建仪式

2005年8月6日，中国气象局副局长宇如聪（前排左）指导呼伦贝尔市气象局综合业务工作 ▶

▼ 2016年10月19日，中国气象局副局长许小峰（右）调研呼和浩特市气象局多普勒雷达站

▲ 2017年2月23日，中国气象局副局长宇如聪（右四）到突泉县赛银花农业园区调研指导气象助力精准扶贫工作

◀ 2015年7月22日，中国气象局副局长宇如聪（中）与满洲里市气象干部职工座谈交流

2017年2月23日，中国气象局副局长宇如聪（左二）调研兴安盟突泉县气象工作 ▶

2008年1月19日，中国气象局副局长沈晓农（右二）到内蒙古自治区阿拉善盟气象局调研慰问

2010年11月26日，中国气象局副局长沈晓农（右二）视察中国气象局驻鄂尔多斯市杭锦旗扶贫工作

2011年2月16日，中国气象局副局长矫梅燕（前排左二）调研乌海市人工影响天气高炮制作厂家

2017年8月13日，中国气象局副局长矫梅燕（前排左二）一行到内蒙古自治区气象台检查

2017年8月13日，中国气象局副局长矫梅燕（前排中）一行到内蒙古自治区气象信息中心检查

2017年8月14日，中国气象局副局长矫梅燕（右三）在兴安盟突泉县赛银花农业园区视察

▲2011年11月22日，中国气象局副局长于新文（前排右二）在包头市气象局调研

▲2017年12月13日，中国气象局副局长于新文（左二）调研指导乌兰察布市四子王旗气象局工作

▲ 2018年5月23日，中国气象局副局长余勇（右三）到兴安盟突泉县五三村调研扶贫工作

▲ 2018年5月25日，中国气象局副局长余勇（左）为兴安盟阿尔山中国气候生态市授牌

▲ 2018年5月25日，中国气象局副局长余勇（中）到兴安盟气象局调研

气象助力经济社会发展篇

内蒙古自治区气象防灾减灾救灾工作卓有成效,农牧业气象服务扎实推进,生态文明建设气象保障服务迈入全国前列,人工影响天气效益显著,在应对气候变化和气候资源开发利用工作方面多有突破,重大活动气象服务保障效果广受赞誉,切实为自治区经济社会发展做出了重要贡献,为建设亮丽内蒙古、共圆伟大中国梦贡献了气象智慧。

气象防灾减灾救灾

内蒙古自治区气象部门始终把保障经济社会发展和人民生命财产安全放在气象工作的首位，防灾减灾救灾体制机制不断完善，气象灾害防御举措更加有力，因灾损失占GDP比例稳定在1%以下，年均死亡人数逐年下降，气象服务对经济社会发展的贡献率逐年增长。

▲ 2017年8月6日，大暴雨冲毁库伦旗境内道路

▲ 2018年1月6日，呼伦贝尔市伊敏苏木遭遇暴风雪致交通受阻

▲ 2017年，阿拉善盟高温天气

▲2017年，赤峰市阿荣旗新发乡玉米遭受干旱灾害

▲2017年，赤峰市发生龙卷灾害后房屋倒塌

▲2017年5月13日，通辽市遭遇沙尘暴

▲ 制定加强防灾减灾救灾工作实施意见

▲ 内蒙古自治区政府连续多年召开全区气象灾害防御工作电视电话会议

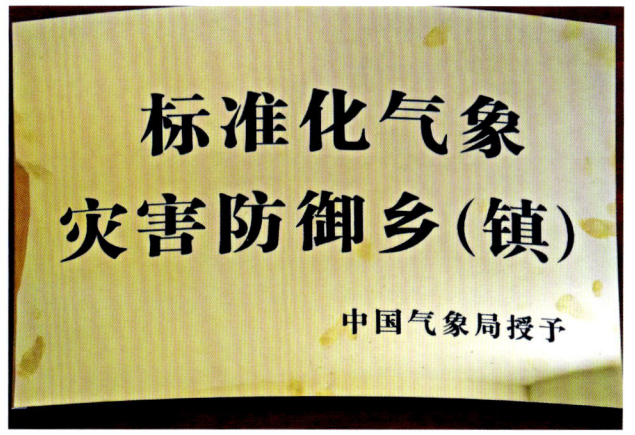

▲ 开展防灾减灾标准化工作，全区 23 个苏木乡镇被认定为标准化气象灾害防御乡（镇）

内蒙古自治区气象局启动黄河内蒙古段防汛Ⅲ级气象应急响应的命令

编号：2018—16号

9月3日20时，黄河内蒙古入境站石嘴山流量2670m³/s，巴彦高勒2470 m³/s、三湖河2790 m³/s、包头2550 m³/s、头道拐2400 m³/s，上游兰州站9月1日17时54分洪峰流量3210 m³/s 即将传播进入我区，黄河内蒙古段已经发生较大洪水，9月1-2日黄河流域降水径流正在陆续进入黄河，黄河内蒙古段流量仍有增大趋势，防洪形势严峻。

9月5日9:55分，内蒙古自治区气象局接到内蒙古自治区防汛抗旱指挥部"关于启动黄河内蒙古段防汛Ⅲ级应急响应的通知"（内汛〔2018〕47号），自治区防汛抗旱指挥部自2018年9月3日23时起启动黄河内蒙古段防汛Ⅲ级应急响应，要求气象部门做好气象服务。

根据上述情况，自治区气象局办公室、减灾处、观测处、预报处、自治区气象台、气候中心、生态与农业气象中心、气象服务中心、大气探测技术保障中心、气象信息中心、阿拉善盟气象局、乌海市气象局、巴彦淖尔市气象局、鄂尔多

内蒙古自治区气象局提升森林防扑火气象服务应急响应为Ⅰ级的命令

编号：2018—04号

自治区防火指挥部于6月3日将《内蒙古自治区森林草原火灾应急预案》Ⅱ应急响应升级为Ⅰ级应急响应。自治区气象局于3日12时41分接到通知，按照相关预案要求，自治区气象局决定3日09时08分启动的森林防扑火气象服务Ⅱ应急响应命令升级为Ⅰ级应急响应命令。

根据上述情况，自治区气象局办公室、应急与减灾处、观测与网络处、科技与预报处、人工影响天气办公室，自治区气象台、气候中心、生态与农业气象中心、气象服务中心、大气探测技术保障中心、人影中心、气象信息中心立即进入森林草原防扑火气象服务Ⅰ级应急响应工作状态。呼伦贝尔市气象局根据实际情况，研判并调整相应应急响应级别。请各单位严格按照森林防扑火Ⅰ级应急响应工作流程做好各项工作。

特此命令。

命令人：寨干

2018年6月3日12时50分

内蒙古自治区气象局启动重大气象灾害（暴雨）Ⅳ级应急响应的命令

编号：2018—9号

根据自治区气象台预报，7月18日至21日，我区自西向东将出现一次强降水天气过程。巴彦淖尔市南部、鄂尔多斯市西部和北部、包头市大部、呼和浩特市中部、乌兰察布市中部和北部、锡林郭勒盟中部和东部的部分地区、兴安盟中部和东部累积降水量为50-99.9 毫米；巴彦淖尔市南部部分地区累积降水量为100-120毫米，上述地区可能伴有短时强降水、雷雨大风等强对流天气，易引发山洪、中小河流洪水、地质灾害等次生或衍生灾害。按照自治区重大气象灾害应急预案启动条件，内蒙古自治区气象局决定启动暴雨Ⅳ级应急响应命令。

鉴于上述情况，自治区气象局办公室、应急与减灾处、观测与网络处、科技与预报处、人工影响天气办公室，自治区气象台、气候中心、生态与农业气象中心、气象服务中心、大气探测技术保障中心、人影中心、气象信息中心、机关服务中心立即进入暴雨Ⅳ应急响应工作状态。

呼和浩特市气象局、包头市气象局、兴安盟气象局、锡林郭

内蒙古自治区气象局启动抗旱Ⅳ级应急响应命令

编号：2018—05号

6月28日16:30，内蒙古自治区气象局接到内蒙古自治区防汛抗旱指挥部关于启动自治区抗旱Ⅳ级应急响应的通知（内汛〔2018〕27号）。通知要求：根据《内蒙古自治区防汛抗旱应急预案》有关规定，经水利、农牧业、民政、气象和水文等部门会商，自治区防汛抗旱指挥部决定自2018年6月23日18时起启动自治区抗旱Ⅳ级应急响应。

根据上述情况，自治区气象局应急办、减灾处、观测处、预报处、自治区气象台、气候中心、生态与农业气象中心、气象服务中心、大气探测技术保障中心、雷电预警防护中心、气象科学研究所、气象信息中心、各盟市气象局从28日16时30分起立即进入抗旱Ⅳ级应急响应状态。各单位要密切监视天气变化，抓住有利时机实施人工影响天气作业，严格按照气象灾害应急响应工作流程做好各项工作，加强应急值守和领导带班制度，按照重大突发事件报告制度上报应急响应情况，遇有重要情况及时向有关领导报告。

特此命令。

命令人：寨干

2018年6月28日16时30分

▲ 应急响应

▲ 气象服务产品与大兴安岭汗马火灾遥感监测图

2017年5月18日,自治区气象局局长党志成(左站一)在陈巴尔虎旗森林火灾火场前线指挥部向自治区政府主席布小林(右一)提出决策建议

2017年5月18日,自治区气象局局长党志成(中)在陈巴尔虎旗森林火灾火场一线部署气象保障服务工作

2017年5月18日,陈巴尔虎旗那吉森林火灾气象服务现场

气象助力内蒙古自治区经济社会发展篇 **内蒙古**

▲ 2018年6月4日清晨，呼伦贝尔市大兴安岭汗马国家级自然保护区森林火灾火场前线气象保障人员安装移动气象站

▲ 2019年4月20日，呼伦贝尔市陈巴尔虎旗发生越境草原火灾，呼伦贝尔市气象局立即组织开展气象保障服务

▲ 2019年4月20日，火灾扑救前指气象保障人员正在呼伦贝尔市陈巴尔虎旗火场前线开展气象实况监测服务

2019年4月17日,阿荣旗气象局在查巴奇林场进行人影作业助力扑救森林火灾

2018年6月21日,巴彦淖尔市气象局针对春夏连旱开展实地测墒

2017年7月20日,通辽市科左后旗政府部门联合旗气象局实地调查干旱情况

利用县级综合业务平台,业务人员监测灾害性天气过程

巴彦淖尔市临河区气象局预报监测

呼伦贝尔市气象局组织参加全市危险化学品安全生产事故应急处置演练——事故现场开展气象保障服务

▲ 杭锦后旗防灾减灾服务

▲ 安装气象防灾减灾预警信息大喇叭

▲ 赤峰市气象台利用气象灾害应急指挥沙盘预判暴雨灾害风险

▲ 内蒙古自治区气候中心组织技术人员赴乌兰察布市卓资县开展山洪灾害实地调查

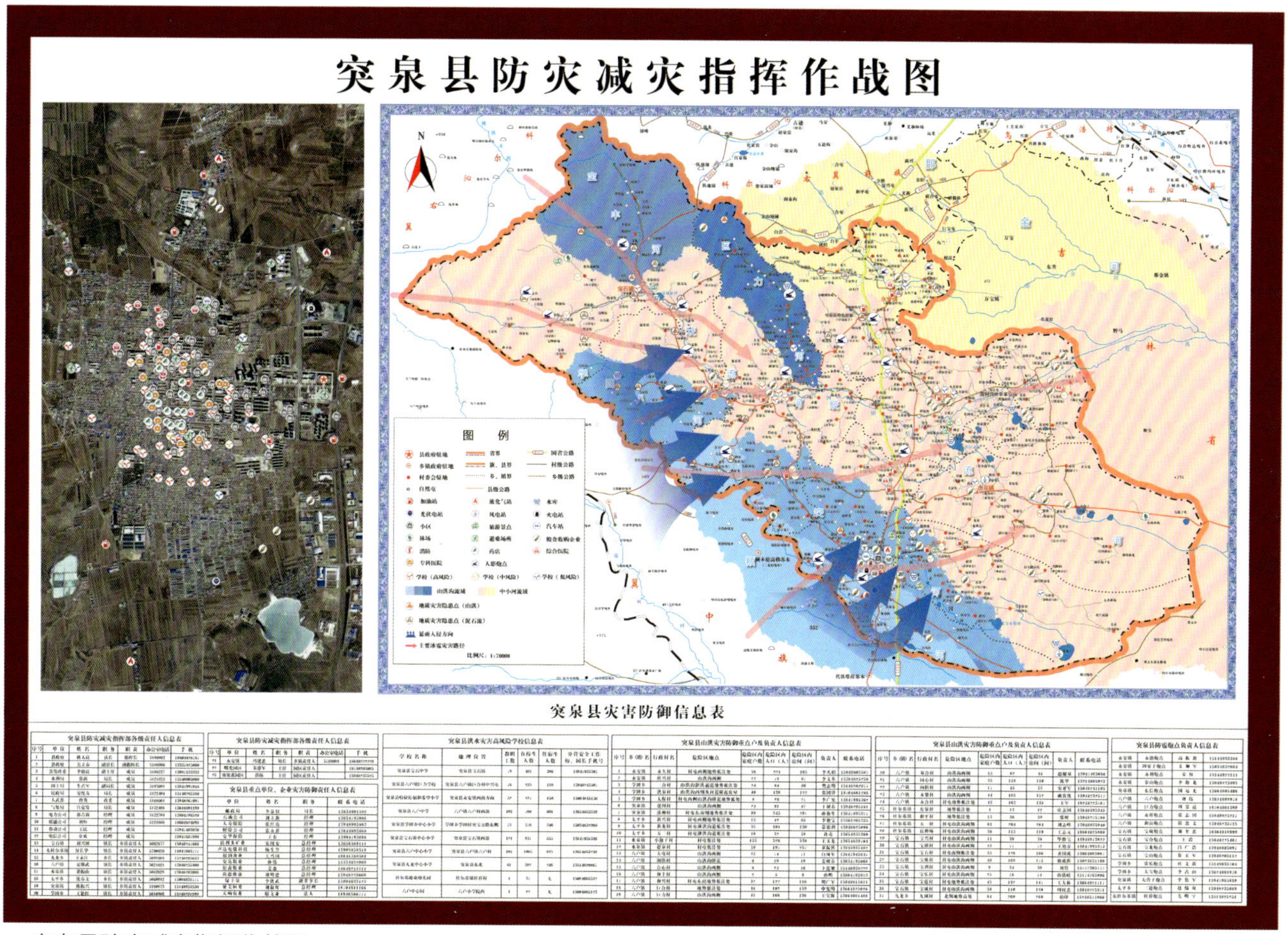

▲ 突泉县防灾减灾指挥作战图

▲ 库伦旗网格化气象服务战略图

▲ 内蒙古自治区超高压供电局向区气象局送锦旗

▲ 巴彦淖尔市政府向内蒙古自治区气象局赠送锦旗

内蒙古自治区党委书记李纪恒在2018年内蒙古气象局报送的《目前全区大部降水偏多，未来西部地区仍有强降雨》气象信息转报上批示：各地各有关部门要密切关注降水情况，充分做好应对准备工作，确保人民群众生命财产安全。

内蒙古自治区政府主席布小林在2019年7月19日包头市、巴彦淖尔市强降雨情况报告上批示：要求气象部门继续做好预报等服务工作。

内蒙古自治区政府主席布小林在2019年4月甘河林业局奇力滨林场发生森林火灾信息专报上批示：要求气象部门密切监测气象变化，全力配合做好扑救工作。

中国气象局宇如聪副局长在《内蒙古气象局关于大兴安岭毕拉河"5·02"森林火灾气象保障服务工作情况的报告》上批示：要求内蒙古气象部门总结经验，进一步提高业务能力、开拓思路、完善流程、再创佳绩。

▲ 中国气象局、自治区党委政府领导多次做出指示批示，对做好气象工作提出要求

内蒙古自治区政府主席布小林批示指出：气象部门为自治区防灾减灾救灾做出了积极贡献。

内蒙古自治区政府副主席李秉荣批示指出：在汗马火场灭火中，气象部门工作积极，上下联动，保障有力，成效显著，值得充分肯定。

中国气象局于新文副局长在内蒙古呼伦贝尔市毕拉河林场火情报告上批示指出：充分肯定内蒙古气象局工作，希望总结经验，进一步提高服务能力和水平。

▲ 中国气象局、自治区党委政府领导高度肯定气象工作

气象助力乡村振兴

农牧业气象服务成效显著。气象服务有效延伸到广大农村牧区,在保障粮食安全、增加农牧民收入、减少农牧业损失方面发挥了重要作用。首创了气象助理员和信息员制度,总人数达 1.6 万余人,覆盖了全区所有苏木(乡镇)和 80% 以上的嘎查(村)。开展了精准脱贫气象保障服务,脱贫攻坚成果得到进一步巩固。自助化、普惠化、个性化的"直通式"服务覆盖了 90% 以上新型农牧业经营主体,"突泉模式"得到各级领导的充分肯定,并向全区贫困旗(县)和全国部分地区推广。

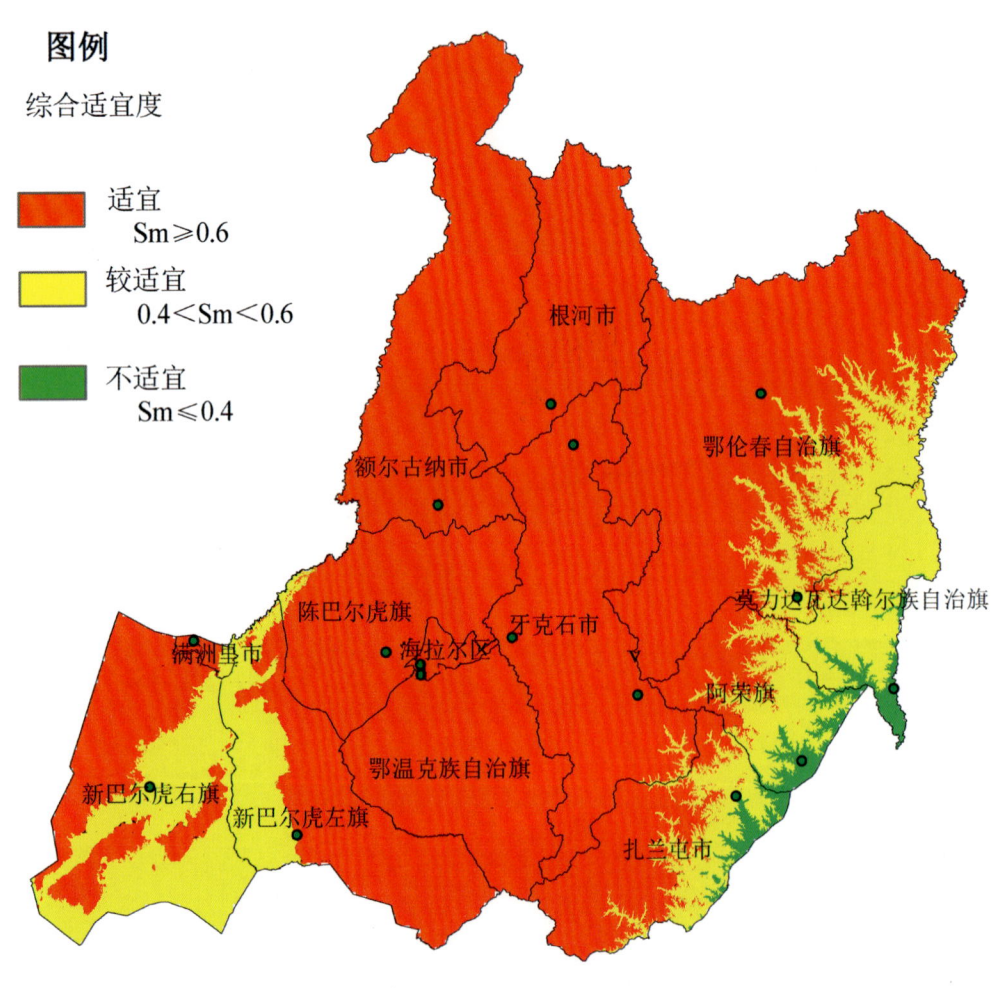

▲ 呼伦贝尔市大豆适宜生长区划

▲ 科左中旗葵花种植气候区划空间分布

▲ 科左中旗玉米精细化区划

▲ 科左中旗设施农业风险区划

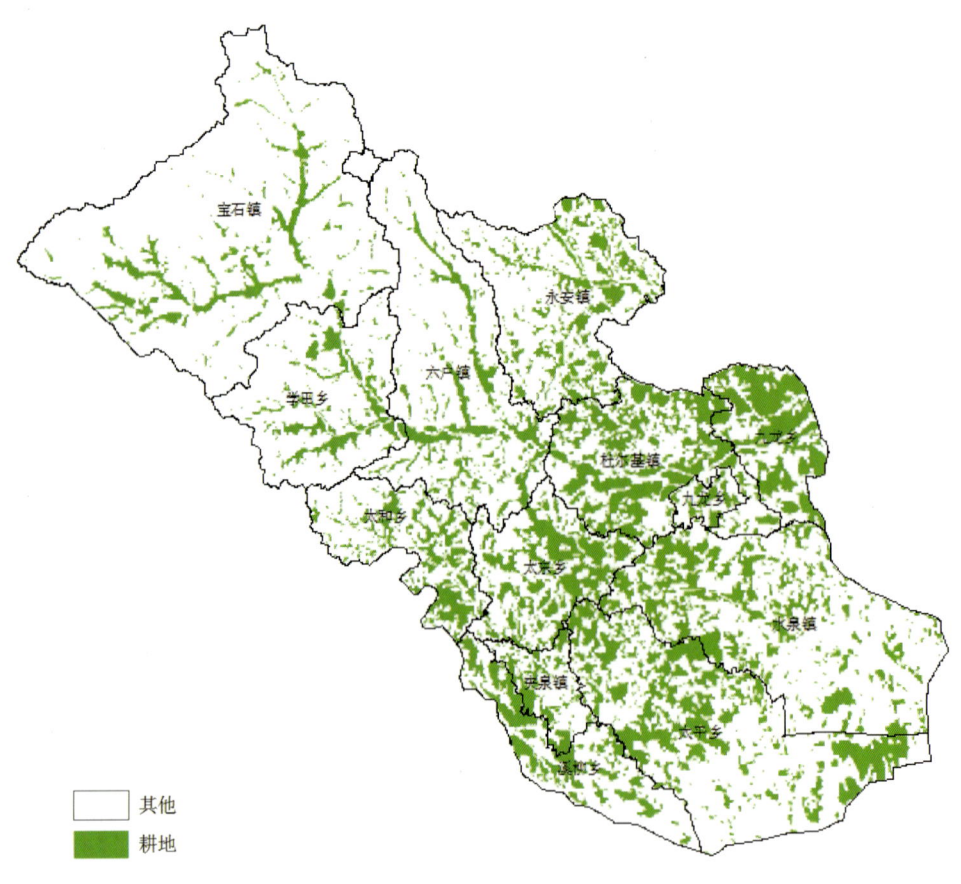

▲ 突泉县农业耕地分布

▲ 突泉县绿豆品种精细化区划服务手册　　▲ 突泉县玉米品种精细化区划服务手册

▲ 突泉县种植结构分布

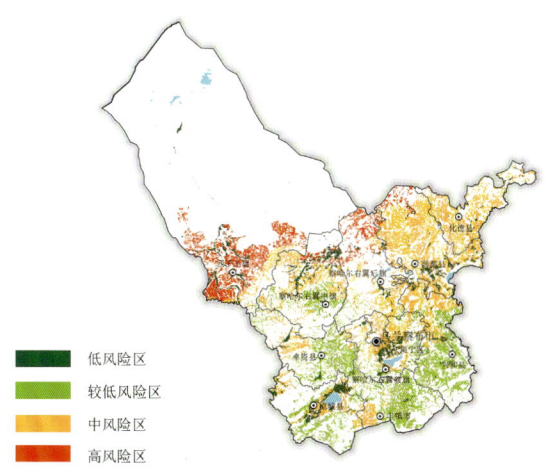

▲ 乌兰察布市农业气象灾害风险区划——马铃薯干旱风险区划

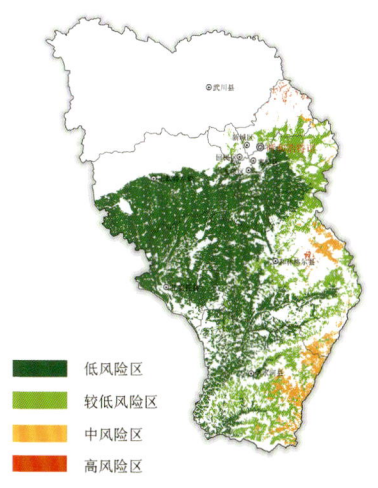

▲ 呼和浩特市农业气象灾害风险区划——玉米低温冷害风险区划

▲ 2012年,农业部、中国气象局有关领导参观气象为农手机短信服务平台

▲ 中国气象局公共气象服务中心和中国气象服务协会及会员单位向内蒙古突泉县教育局捐赠扶贫款

▲ 为内蒙古自治区第九届农博会提供现场气象服务

▲ 与农牧业局专家在内蒙古自治区突泉县联合开展秋收气象服务

▲ 呼伦贝尔市新巴尔虎右旗气象局工作人员深入牧户发放预警收音机

▲ 阿鲁科尔沁旗气象局人员测量高粱穗长度、直径、杆高等

气象助力内蒙古自治区经济社会发展篇 | 内蒙古

▲ 开鲁县福济药材种植专业合作社负责人为开鲁县气象局赠送锦旗

▲ 阿鲁科尔沁旗气象局在对口扶贫村甜菜经济作物区安装气象设备

▲ 阿荣旗气象局进行农田小气候观测仪维护

▲ 阿拉善盟气象局开展气象服务满意度调查

▲ 包头市气象局农业服务设施站

▲ 包头市气象局业务人员到固阳县百川通合作社调研马铃薯种植

▲ 开展春耕气象服务

▲ 开展设施农业专项气象服务

▲ 开展农牧业气象服务新仪器试验

▲ 盟旗县级农牧业气象服务规范

▲ 2014年杭锦后旗气象助理员表彰会

▲ 库伦旗水泉乡气象信息员培训班

生态文明气象保障

生态遥感体系建设走在全国前列。编制了森林草原防扑火和荒漠区生态气象服务方案,内蒙古自治区森林草原防火监测预警纳入中国气象局生态文明气象保障示范项目。围绕天然林保护和呼伦湖、乌梁素海、岱海等生态工程,以及"呼包鄂"沿黄生态走廊、阴山绿化和浑善达克、乌珠穆沁、科尔沁沙地等治理工程,开展常态化、精细化动态监测评估,为自治区生态建设与保护提供了重要依据。

▲ 内蒙古自治区荒漠生态气象中心成立

▲ 全区生态文明建设气象保障服务、气象为农牧服务、综合气象观测和气象信息化工作会议

▲ 2011年9月14日，呼伦贝尔市气象局基层局站生态监测人员正在通过烘干法测量土壤水分

▲ 乌兰察布市气象局在四子王旗开展草原生态监测

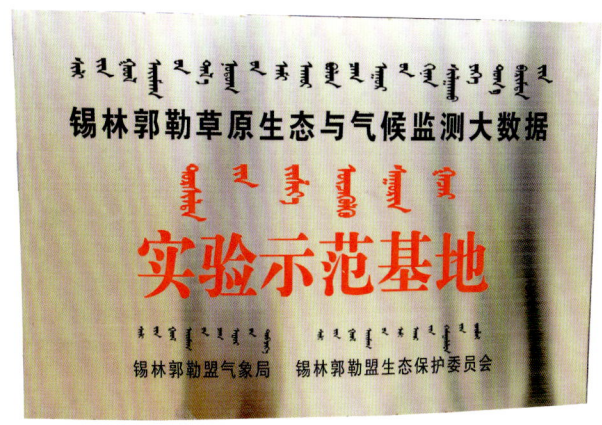

▲ 锡林郭勒草原生态与气候监测大数据实验示范基地

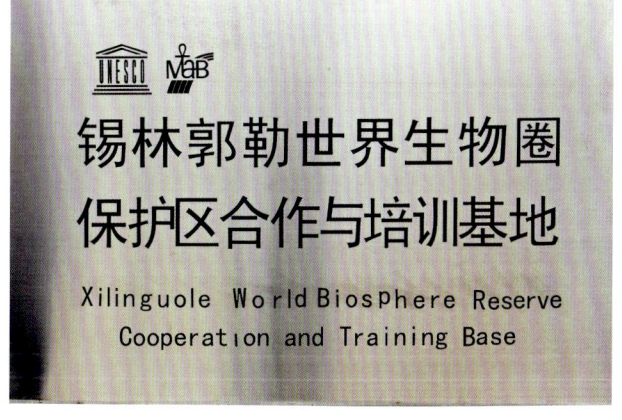

▲ 锡林郭勒世界生物圈保护区合作与培训基地

▲ 开展干旱气象科学研究—草原干旱致灾过程及机理研究（中国科技部重点行业专项）

▲ 2019年，在阿拉善左旗飞播造林生态建设基地开展气象防灾减灾宣传科普活动

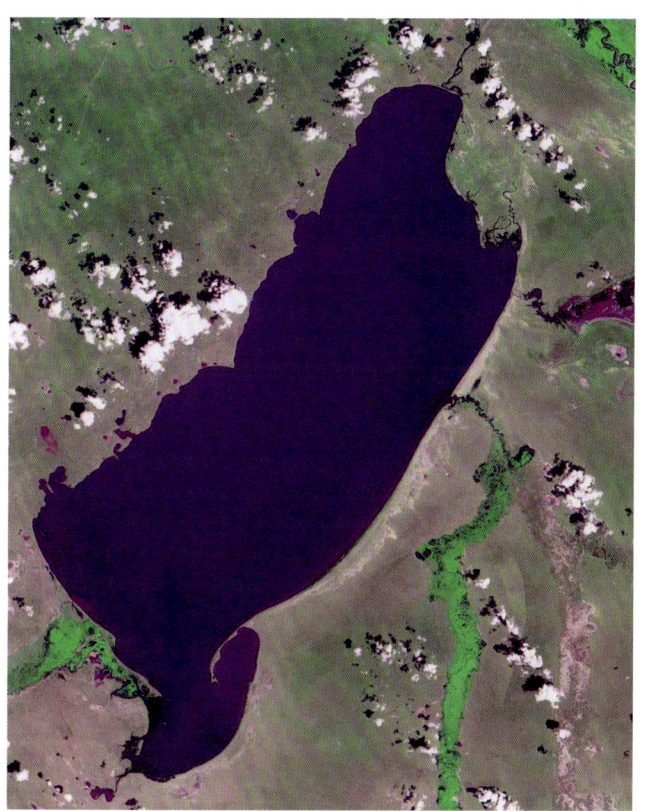
▲ 1985年，呼伦湖

▲ 2017年，呼伦湖

▲ 岱海美景

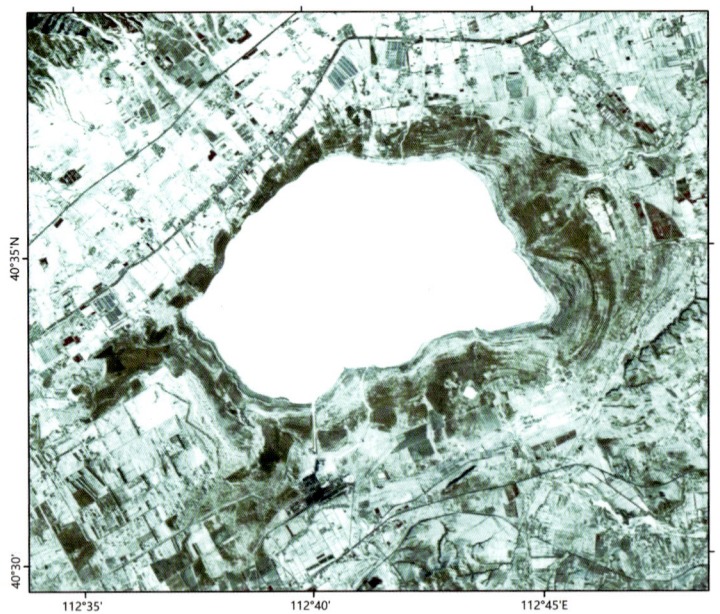

2019年2月20日，岱海为冰冻状态，且湖体表面由积雪覆盖（图中白色部分为积雪）。

内蒙古自治区生态与农业气象中心
（高分内蒙古中心）制作

▲ 2019 年 2 月 20 日，水体遥感监测

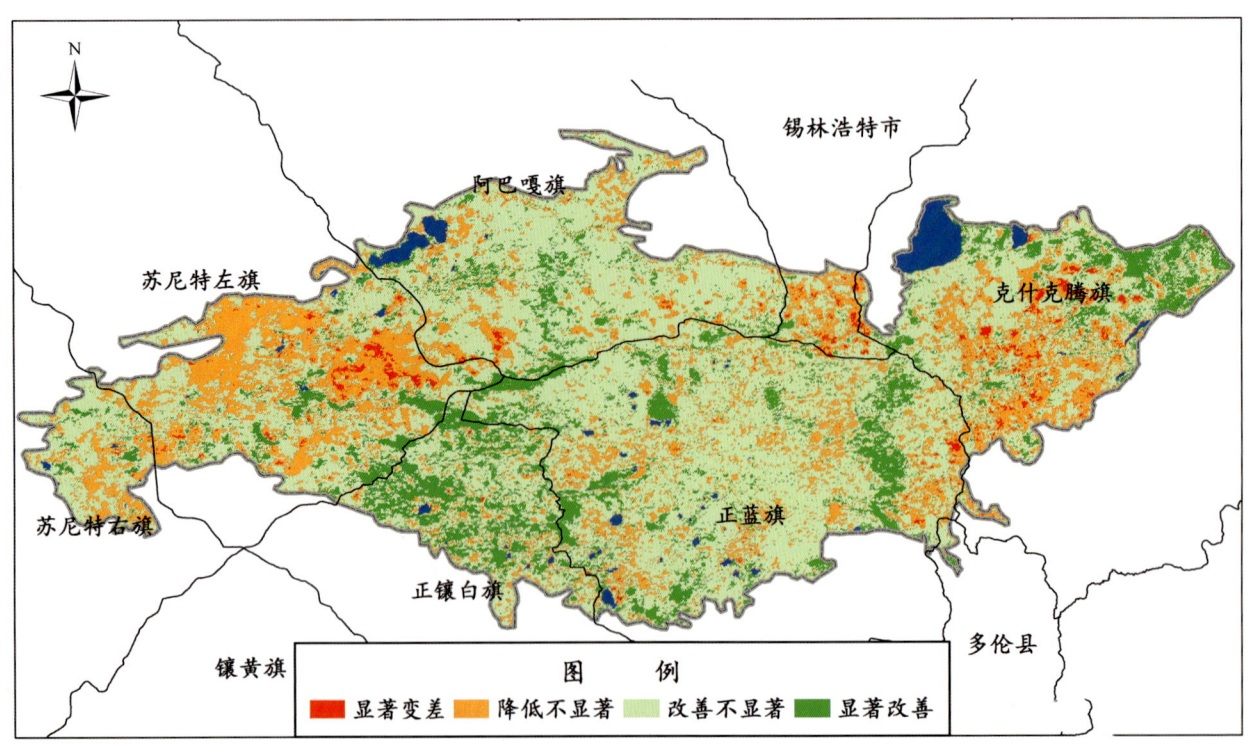

▲ 2000 年以来，浑善达克沙地植被变化趋势

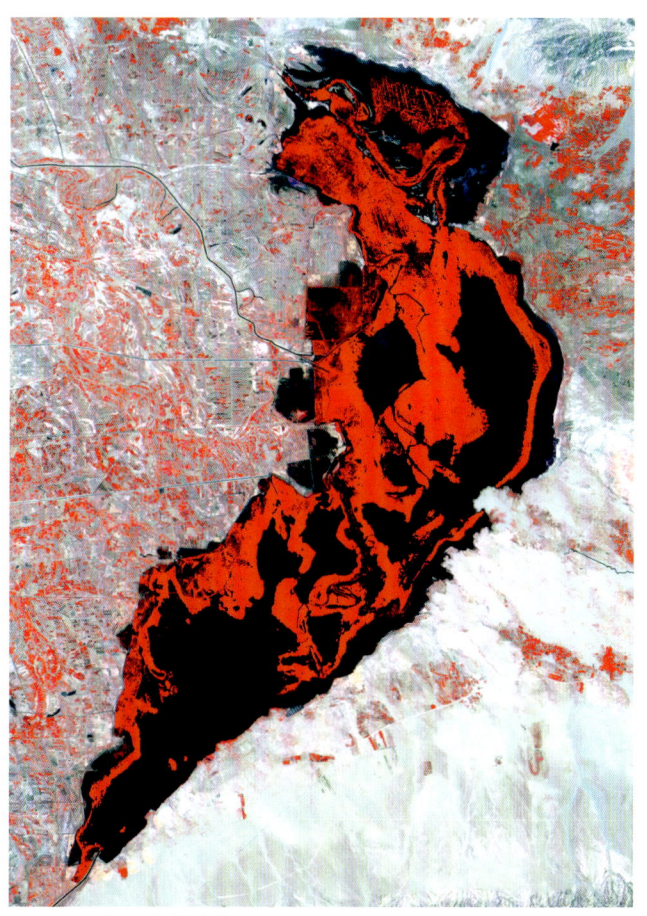
▲ 1996 年，乌梁素海

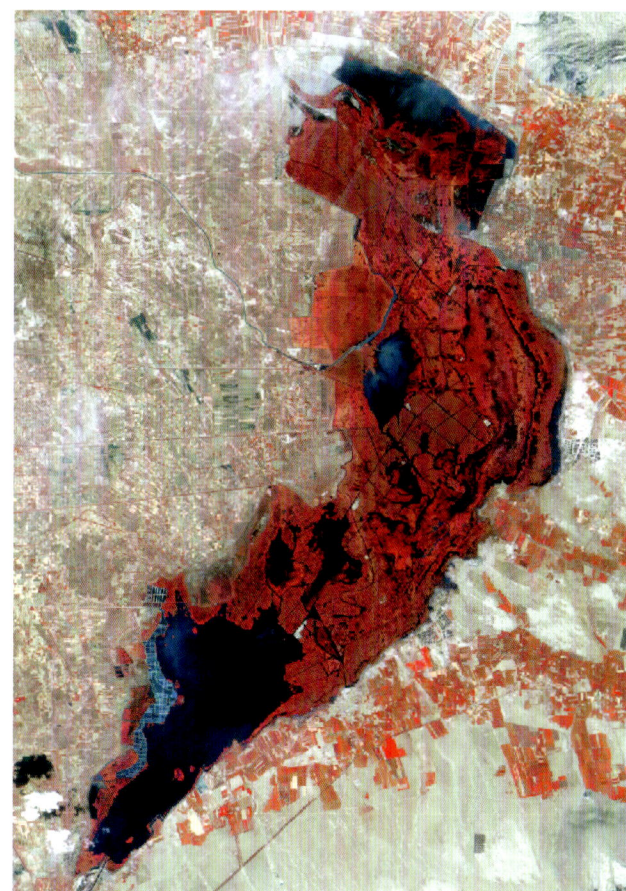
▲ 2017 年，乌梁素海

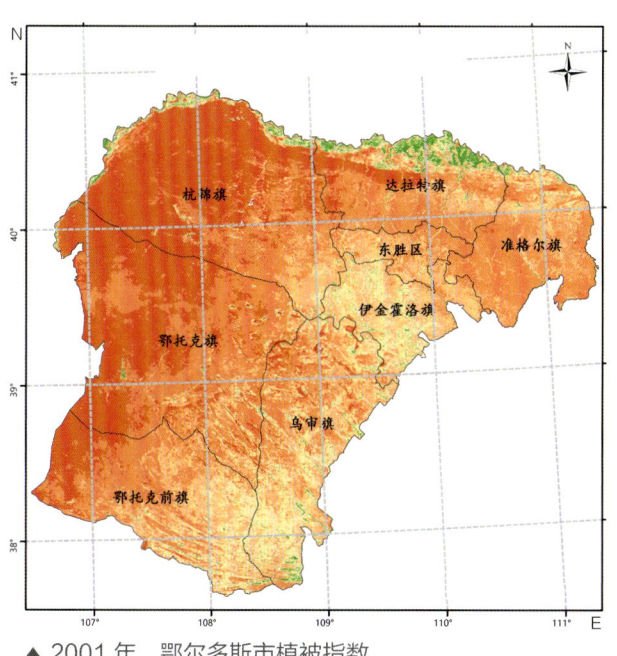
▲ 2001 年，鄂尔多斯市植被指数

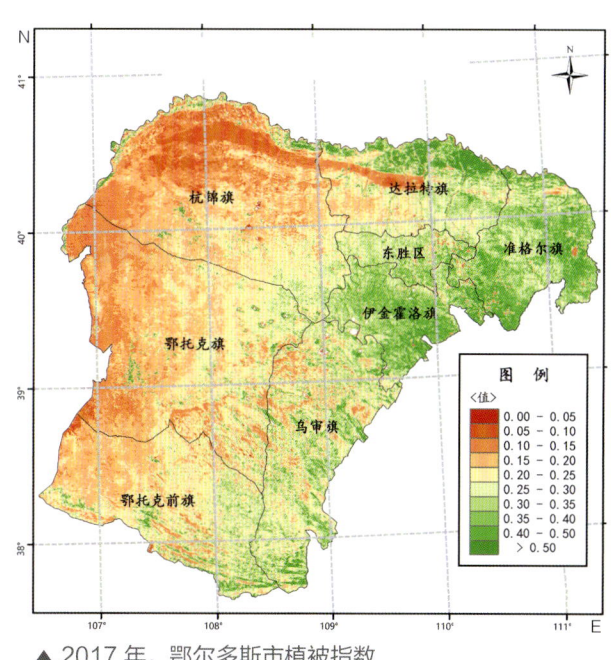
▲ 2017 年，鄂尔多斯市植被指数

▲ 内蒙古自治区李秉荣副主席在内蒙古气象局报送的生态遥感年度报告上批示肯定内蒙古气象生态气象服务工作

人工影响天气工作

建成了全国规模最大、上下联动的人工影响天气作业体系，建立了飞机、火箭、高炮、烟炉互为补充的空地立体人工影响天气作业系统。人影综合探测、移动指挥监控和装备弹药物联网等业务系统快速推进，科技支撑能力不断提升。人影工作效益显著，在自治区抗旱减灾、森林草原防扑火、生态文明建设、重大活动保障服务方面发挥了重要作用，得到各级部门高度赞扬。

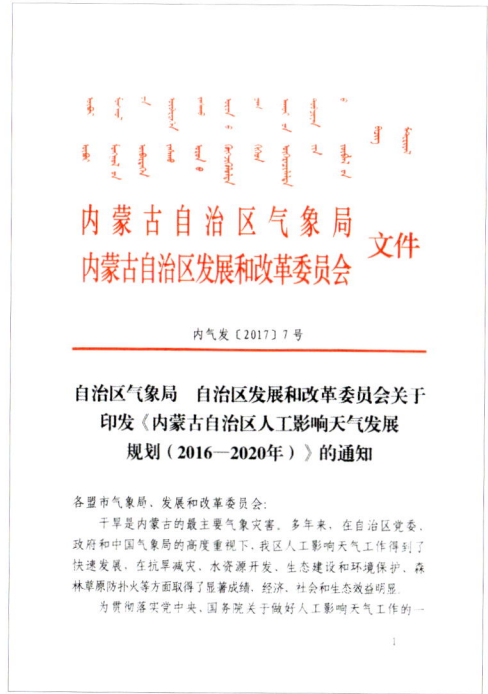

▲ 人影发展规划

▲ 人工影响天气装备弹药物联网管理系统

▲ 北斗空地通信指挥系统界面

▲ 鄂尔多斯市空域请示系统

▲ 鄂尔多斯市人工影响天气三维决策指挥系统

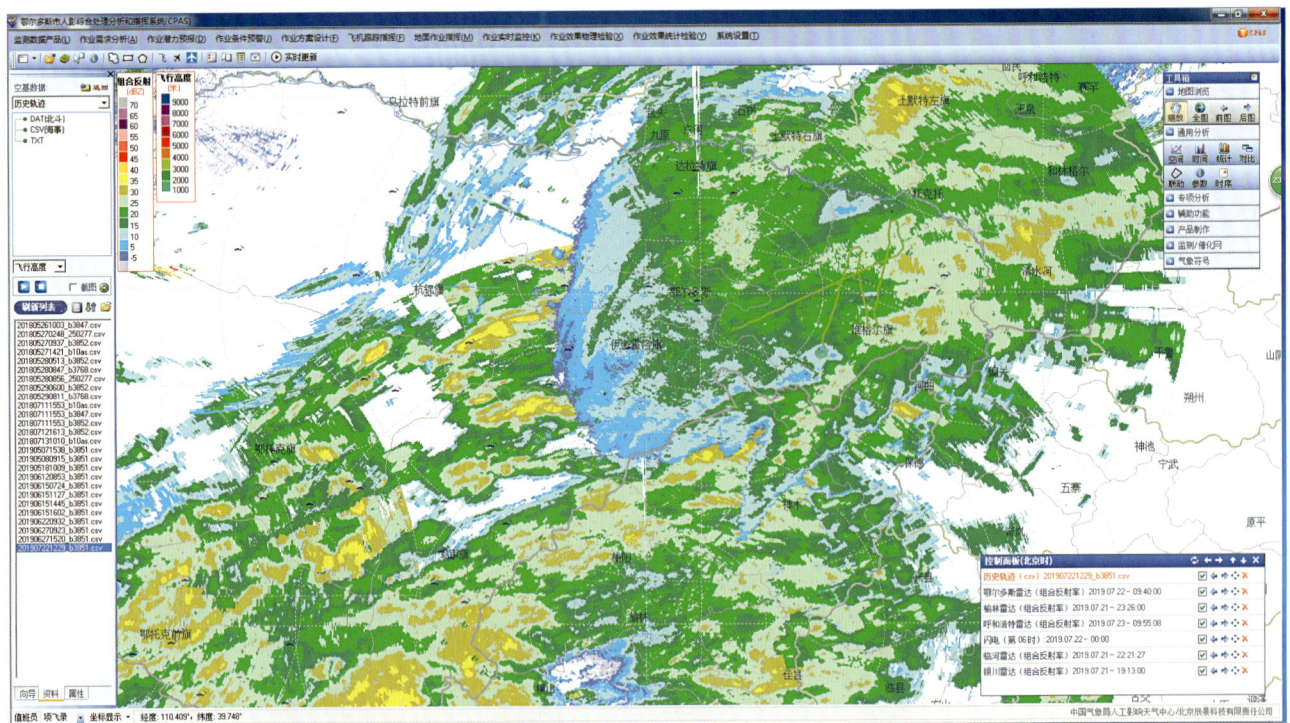

▲ 鄂尔多斯市人影综合处理分析和指挥系统（CPAS）

气象助力内蒙古自治区经济社会发展篇 **内蒙古**

▲ 鄂尔多斯市人工影响业务平台

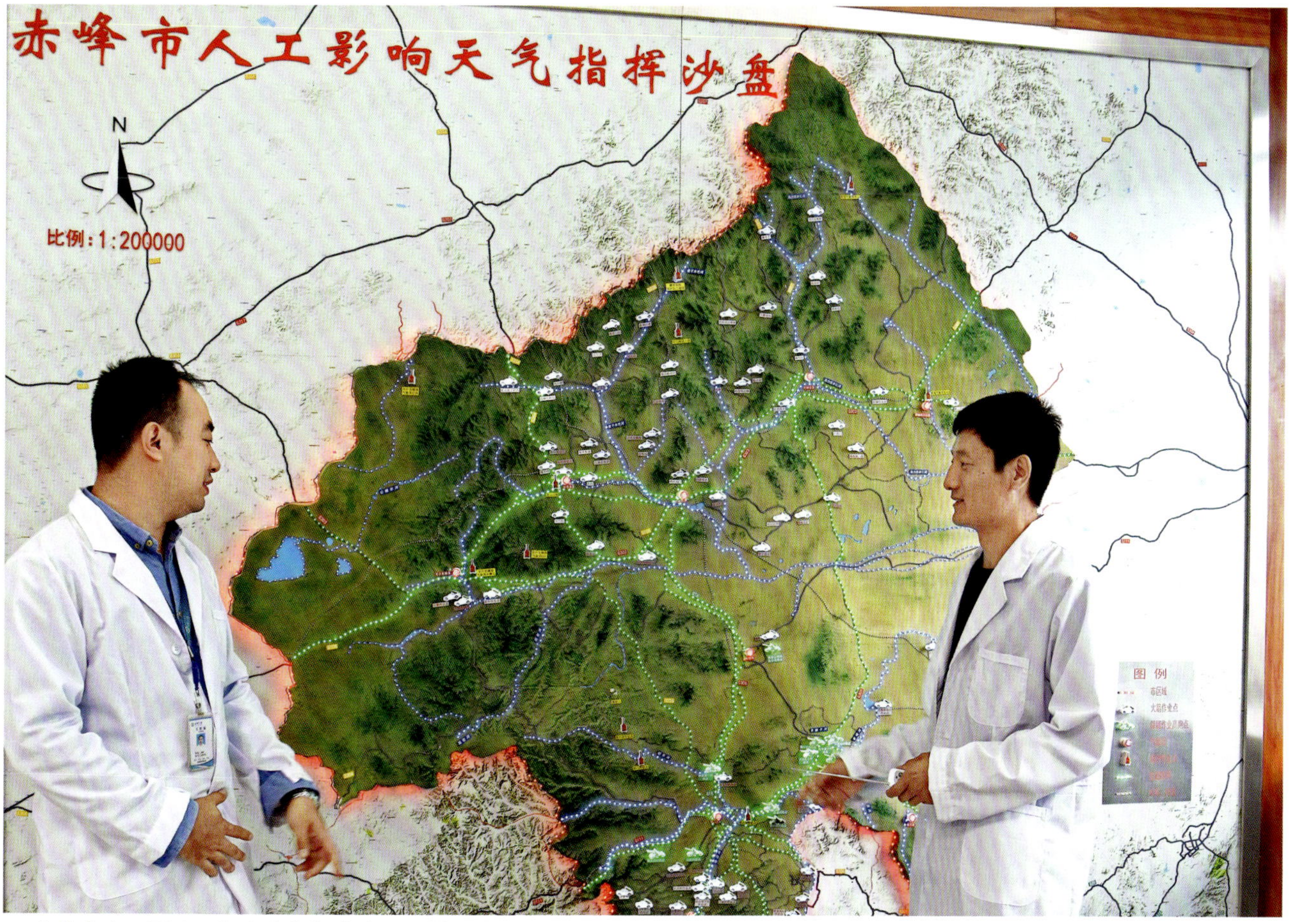

▲ 赤峰市人工影响天气中心指挥全市人工增雨作业

▶ 飞机

▲ 2017年5月5日，毕拉河火灾现场开展地面人工增雨作业

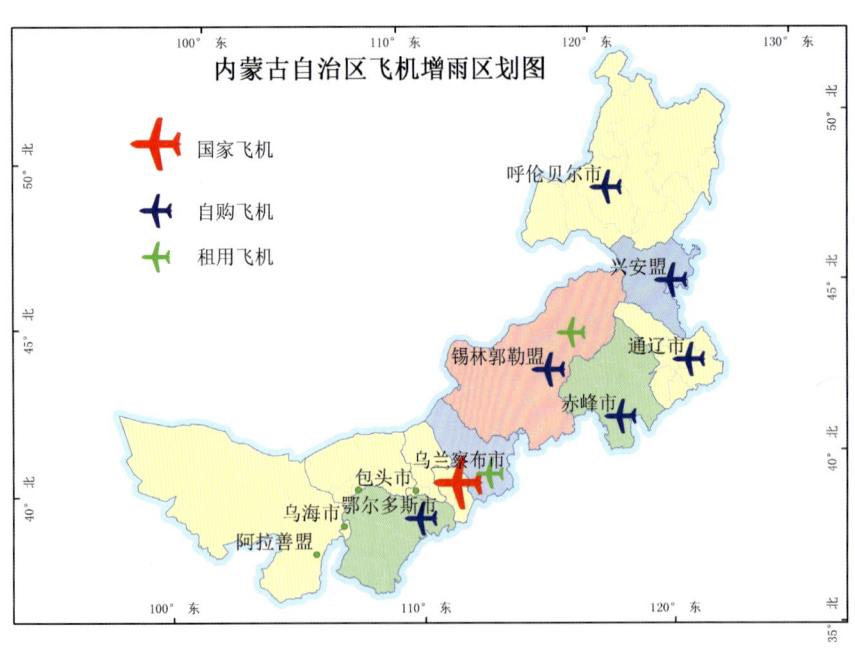
▲ 飞机增雨作业区划

▲ 2019年7月19日,在锡林浩特机场作业人员正在安装焰条

▲ 2017年5月4日,呼伦贝尔市气象局在毕拉河特大森林火灾火区附近组织开展人工增雨气象保障服务(增雨飞机成功返航)

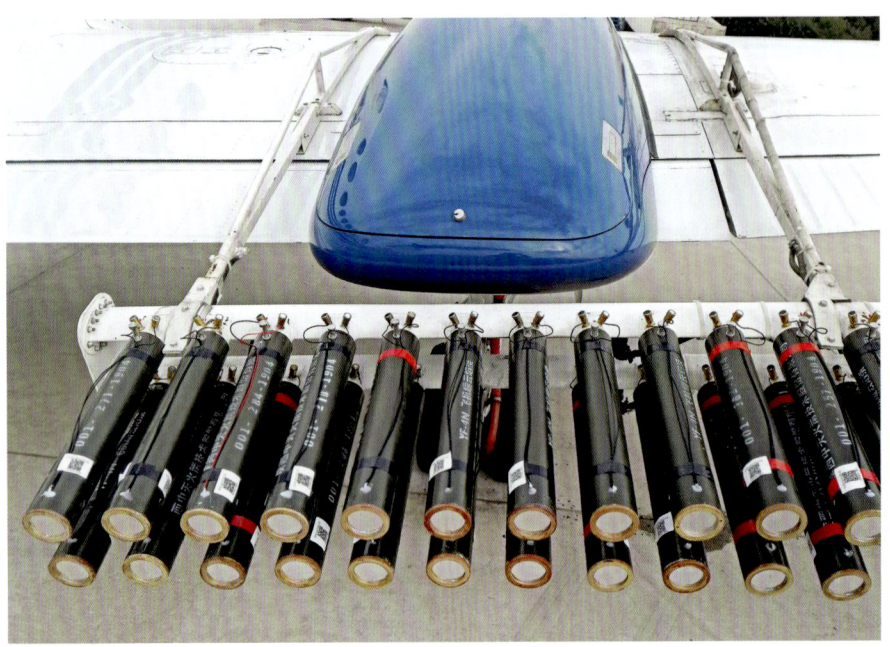
▲ 2019年7月19日,在锡林浩特机场安装完成的焰条播撒装备

▲ 2019年3月20日,高性能增雨飞机落户内蒙古自治区白塔机场

▶ 火箭

▲ 2017 年 12 月 14 日，自动化地面火箭远程增雪作业实现遥控发射

▲ 71 型火箭发射装置

新中国气象事业 70 周年

76

气象助力内蒙古自治区经济社会发展篇 **内蒙古**

新中国气象事业 70 周年

内蒙古

气象助力内蒙古自治区经济社会发展篇

▶ 高炮

气象助力内蒙古自治区经济社会发展篇　**内蒙古**

▶ 人影探测装备

▲ 呼和浩特观象台微波辐射计

▲ 呼和浩特观象台直接辐射、净辐射观测设备

应对气候变化和气候资源开发利用

气候变化应对研究不断深入，助力自治区人民政府出台应对气候变化实施方案，在气候可行性论证、气候资源和清洁能源开发利用、气候品质认证等领域取得新突破，气象服务惠及民生经济发展作用越来越明显。

▲ 自治区应对气候变化实施方案

新中国气象事业 70 周年

▲ 根河市中国冷极地标

▲ 根河市中国冷极牌匾

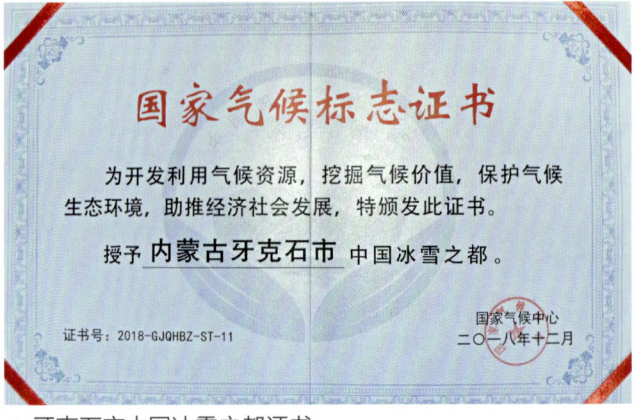

▲ 牙克石市中国冰雪之都证书

▲ 气候变化公报

▲ 扎兰屯市中国天然氧吧牌匾

▲ "绿镜头·发现中国"走进乌兰察布

▲ 中国冰雪之都牙克石市

▲ 太阳辐射观测站

▲ 普查气象设施－太阳能供电系统

▲ 太阳能资源评估报告

▲ 气候品质认证证书

▲ 风能资源评估报告

▲ 2019年，巴彦淖尔市气象局为磴口酿酒葡萄进行气候品质认证

▲ 气候环境现场测评

▲ 测风塔

▲ 突泉县绿豆气候品质认证技术规范论证会

▲ 内蒙古自治区气象局编制的气候生态环境监测总体方案、实施方案、技术规范、记录簿和服务产品指南

新中国气象事业 70 周年

▲ 乌兰察布市凉城光伏发电站

▲ 锡林郭勒盟灰腾风电场

重大活动气象保障

重大活动气象保障服务水平不断提高。出色完成"神舟"系列航天气象服务、党和国家领导人视察、军演、反恐演习、建军90周年阅兵、庆祝自治区成立70周年、《联合国防治荒漠化公约》第十三次缔约方大会、第十四届全国冬季运动会等重大活动气象服务保障工作,切实树立了"气象卫兵"的良好社会形象。

▲2017年8月7日晚间,自治区气象局局长党志成(右一)审阅自治区成立70周年气象服务保障专报

▲ 2017年8月3日，在自治区气象台会商室内，开展自治区成立70周年庆祝活动气象保障服务第二次演练

▲ 2017年8月7日，自治区成立70周年庆祝活动主会场气象保障服务现场

气象助力内蒙古自治区经济社会发展篇 **内蒙古**

▲ 气象服务为自治区成立70周年庆祝活动的顺利进行提供了有力支撑

▲ 2018年8月，国际能源大会气象保障服务现场

新中国气象事业 70 周年

▲ 2013 年 7 月 25 日，克什克腾旗气象局联合赤峰市气象局为保障 AOPA 国际飞行大会，保障人员在现场调试气象设备

▲ 2011 年，第 11 届中学生运动会服务保障现场

气象助力内蒙古自治区经济社会发展篇　**内蒙古**

▲2019年2月20日，第十四届全国冬季运动会测试赛气象服务保障现场

▲2019年3月15—18日，全国自由式滑雪系列冠军赛期间，扎兰屯赛区技术保障人员携赤峰市喀喇沁旗气象局、区局预报处巡检自动站

▲ 2013年6月，自治区气象局预报员赴神舟十号着陆场区现场保障

▲ 2017年9月6日，鄂尔多斯市气象局召开荒漠化专题会议

▲ 首届乌兰察布国际草原文化音乐节

▲兵器工业试验气象服务获肯定

▲2015年8月17日,民族运动会气象服务保障现场

▲在乌兰察布市四子王旗格根塔拉草原举办的内蒙古自治区第八届那达慕大会

▲ 乌兰察布市第二届中俄蒙美食文化节

气象助力内蒙古自治区经济社会发展篇 | 内蒙古

▲ 乌兰察布市首届冰雪艺术节

▲ 乌兰察布市凉城县岱海文化旅游艺术节

▲ 呼伦贝尔市牙克石凤凰山滑雪场

▲ 呼伦贝尔市警地联合灭火作战演习

▲ 重大活动气象保障工作广受赞誉,在自治区成立70周年庆祝活动中,时任自治区党委副书记李佳批示指出:自治区气象局讲政治、顾大局、敢担当,克服各种困难,出色完成气象保障任务,立了大功

现代气象业务篇

　　内蒙古自治区气象现代化建设步伐明显加快，现代化建设成果卓著。气象综合观测能力明显增强，观测领域不断拓展，部分观测项目实现从无到有，自动化水平稳步提高，初步建成门类比较齐全、布局基本合理的综合气象观测网。现代预测预报业务体系基本形成，一批实用性强的短时临近、短期、气候预测业务平台投入运行，强化无缝隙、全覆盖、智能化预报业务能力建设跨上新台阶。持续推进气象信息化建设，借力全国气象信息共享平台业务化运行，建成了全区气象业务内网。气象大数据中心建设有序推进，基础设施资源池得以扩充，数据融合应用能力、信息技术应用能力不断提升。公共气象服务能力明显提高，服务领域不断拓宽，决策参与度、专业依赖度和社会响应度显著提升。

综述

▲ 内蒙古自治区人民政府办公厅关于成立全面推进气象现代化工作领导小组的通知

▲ 内蒙古自治区人民政府办公厅关于印发全面推进气象现代化实施方案（2014-2020年）的通知

▲ 中国气象局领导在《内蒙古自治区气象局关于率先在2018年基本实现气象现代化的报告》上的批示

▲ 内蒙古自治区气象局关于印发《内蒙古自治区全面推进气象现代化实施方案（2018-2020年）》的通知

▲ 内蒙古自治区气象局关于自治区气象台以服务型业务建设为抓手全面推进气象现代化实施方案（2014-2020年）的批复

▲ 内蒙古自治区气象局关于印发落实自治区人民政府加快推进气象现代化的意见重点任务分解方案的通知

▲ 内蒙古自治区气象局关于成立内蒙古自治区气象局全面推进气象现代化暨网络安全与信息化领导小组的通知

▲ 内蒙古自治区气象局关于印发全面推进气象现代化2019年重点工作的通知

▲ 内蒙古自治区生态文明建设气象保障服务、气象为农牧服务、综合气象观测和气象信息化工作会议

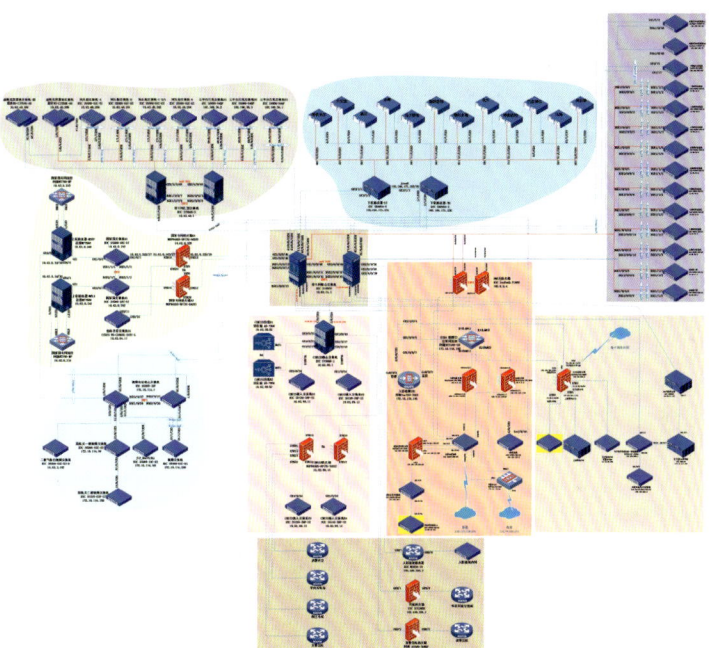

▲ 2007年，内蒙古自治区气象全区网络结构图

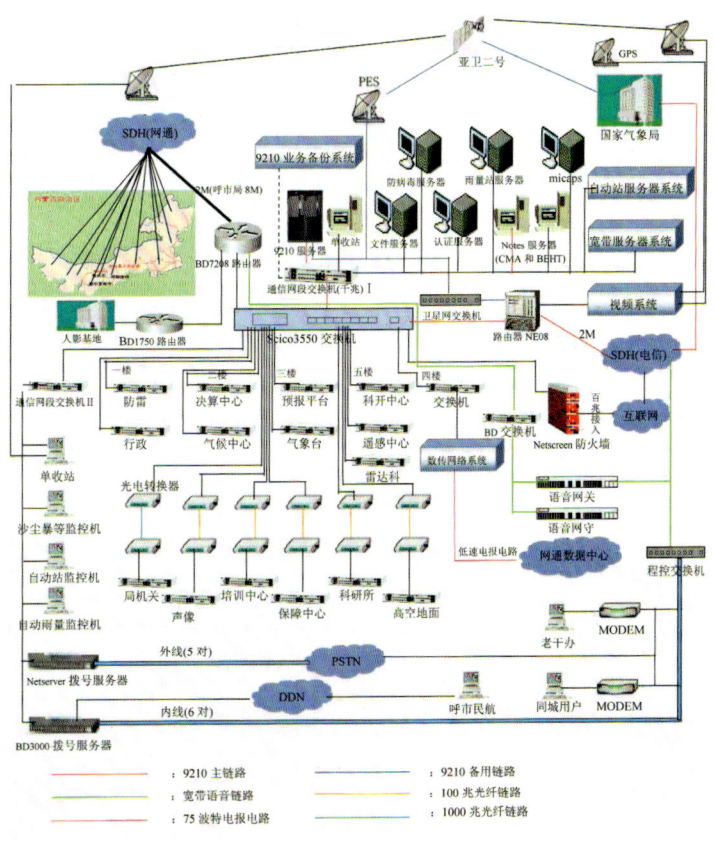

(区局网络拓扑结构图)

▲ 2019年，内蒙古自治区气象全区网络拓扑结构图

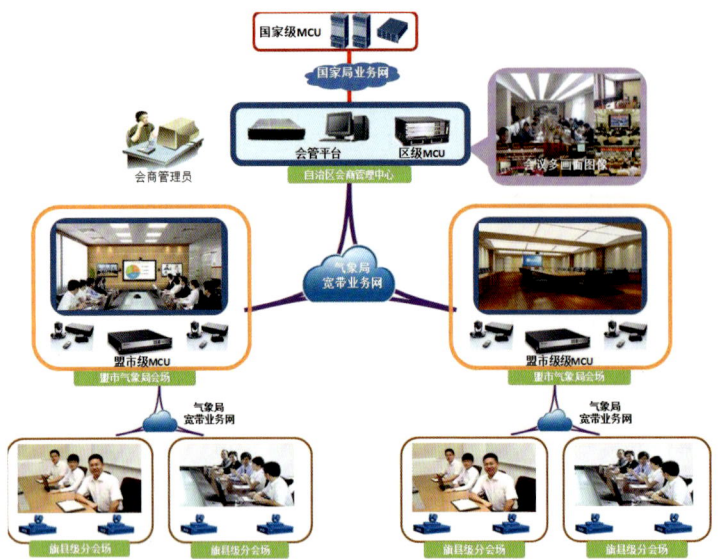

▲ 内蒙古自治区气象全区会商结构图

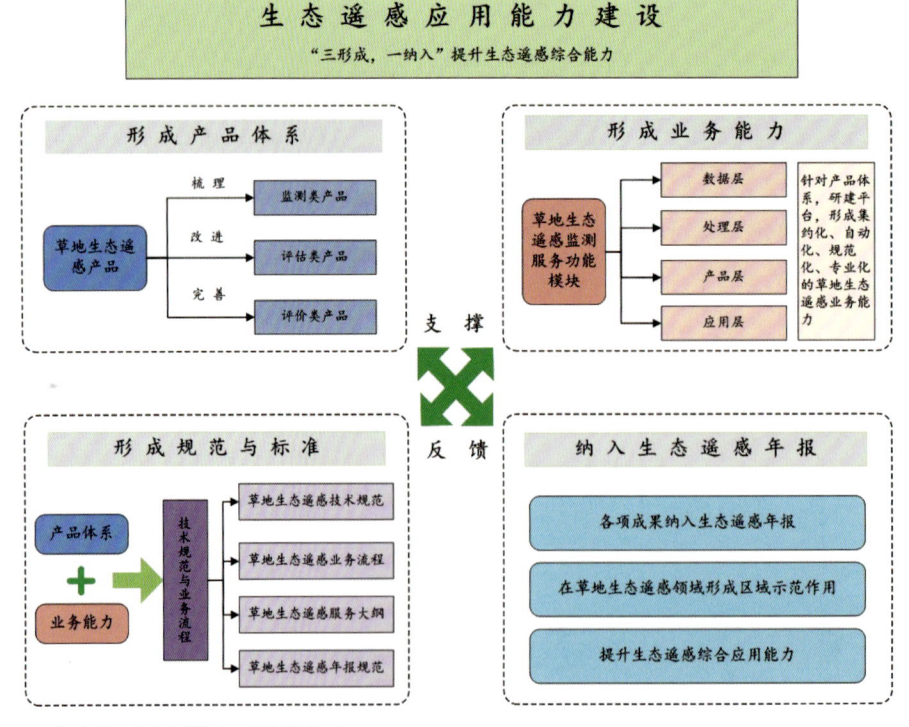

▲ 生态遥感应用能力建设拓扑图

综合气象观测

▲ 20世纪50年代初期，观云实习

▲ 1955年，呼和浩特市气象站地面值班员观测地温

▲ 20世纪70年代，呼伦贝尔盟莫力达瓦达斡尔族自治旗气象局职工进行观测业务

新中国气象事业 70 周年

▲ 气象观测员测量地温

▲ 1979 年，老观测员进行人工观测记录

▲ 2011 年，开展探测环境评估

▲ 2013年8月9日,阿鲁科尔沁旗草业核心区全要素自动气象站

▲ 2019年7月17日,索伦气象站观测场实景图

▲ 称重雨量筒

▲ 干尘降观测

▲ 风向风速传感器

▲ 和林格尔县气象局闪电定位仪

▲ 内蒙古自治区大青山国家级自然保护区林区的土壤水分观测站

▲ 雨滴谱仪

▲ 自动气象站

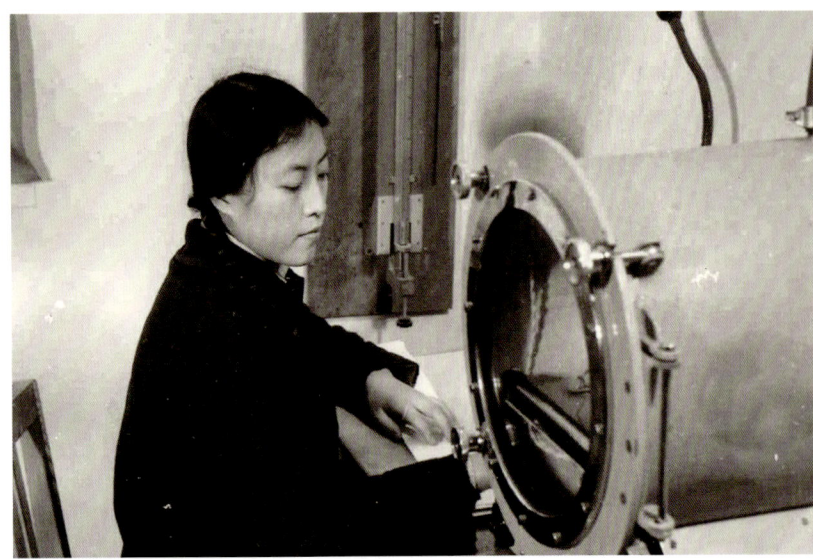
▲ 20世纪70年代初,高空探测作业

▲ 1975年,探空值班收报及整理记录

▲ 闪电定位仪

▲ 2011年,呼和浩特市气象站获得专利的自动气球施放筒

▲ GPS-MET水汽观测站

▲ 自动放球系统

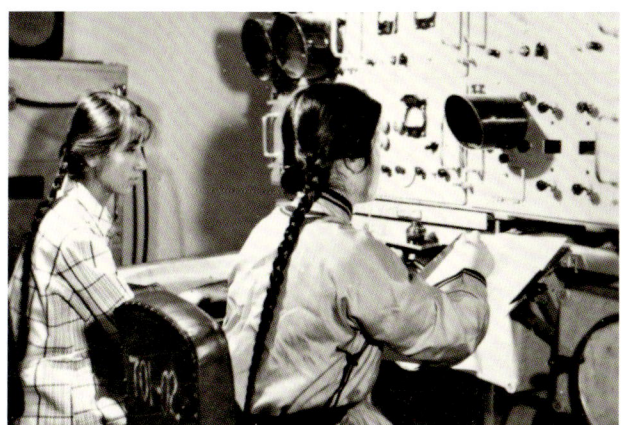
▲ 1972年，探空值班雷达观测

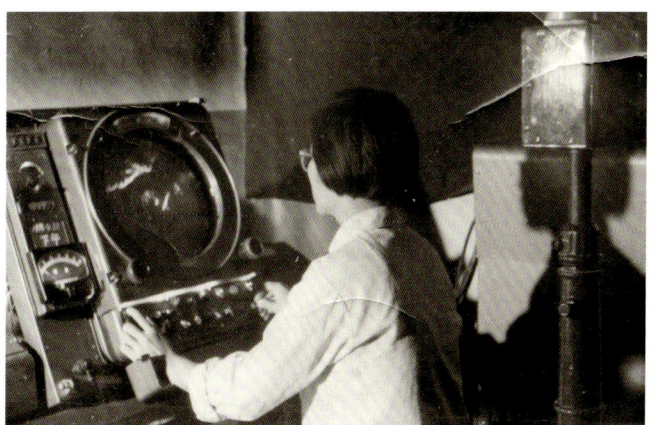
▲ 1973年，呼和浩特市天气雷达站值班员身后的照相机对雷达屏幕上的回波图像进行拍照

▲ 1986年，呼和浩特市高空机务员进行雷达探测设备监控

新中国气象事业 70 周年

▲ L 波段测风雷达天线

▲ 东胜多普勒雷达

▲ X 波段移动车载雷达

▲ 呼和浩特市多普勒雷达

▲ 草业核心区农田小气候仪

▲ 蔬菜基地农气站

▲ 农业－农田小气候观测仪

▲ 草场生物量监测

▲ 沙丘监测

▲ 牧草产量监测

▲ 牧草自动观测设备

▲ 农田小气候仪

▲ 辐射观测

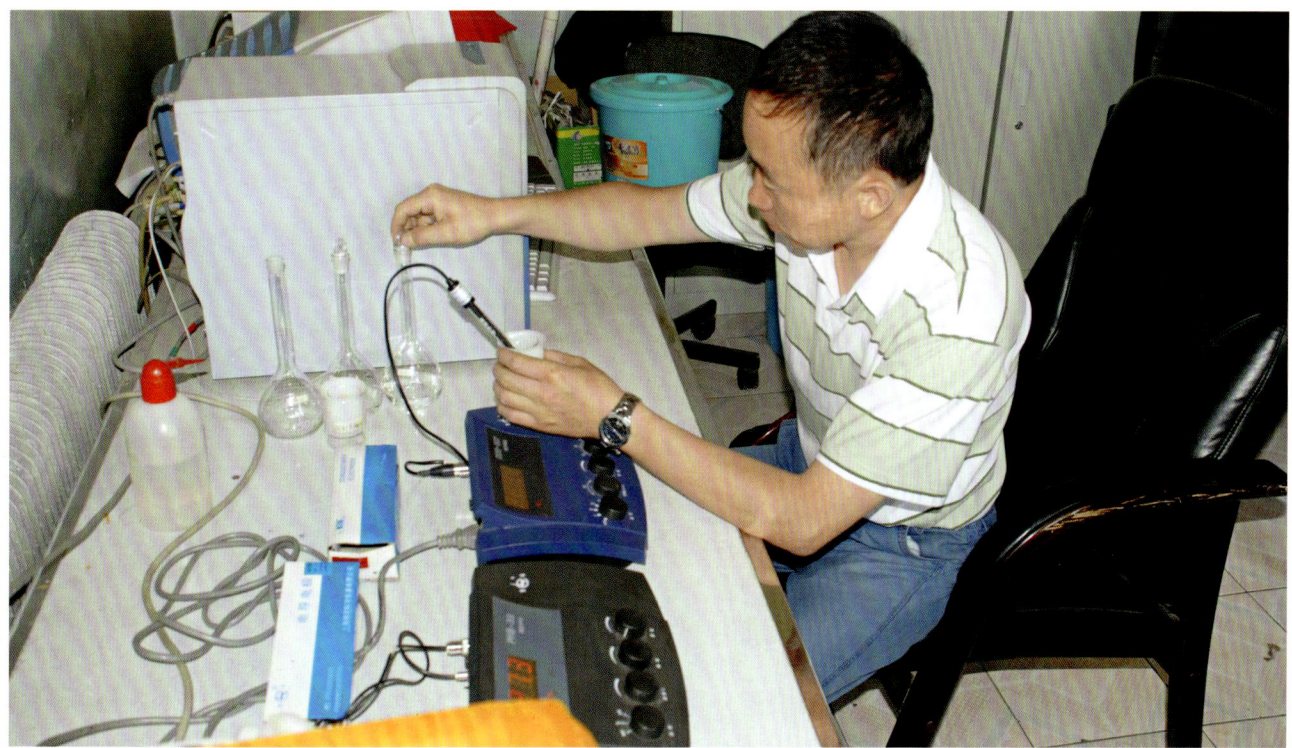
▲ 酸雨观测

▲ 风云四号气象卫星地面接收站

▲ 国家北斗地基增强系统东乌珠穆沁旗 1 号站

▲ 沙尘暴观测设备

▲ 20世纪70年代，探空雷达维修

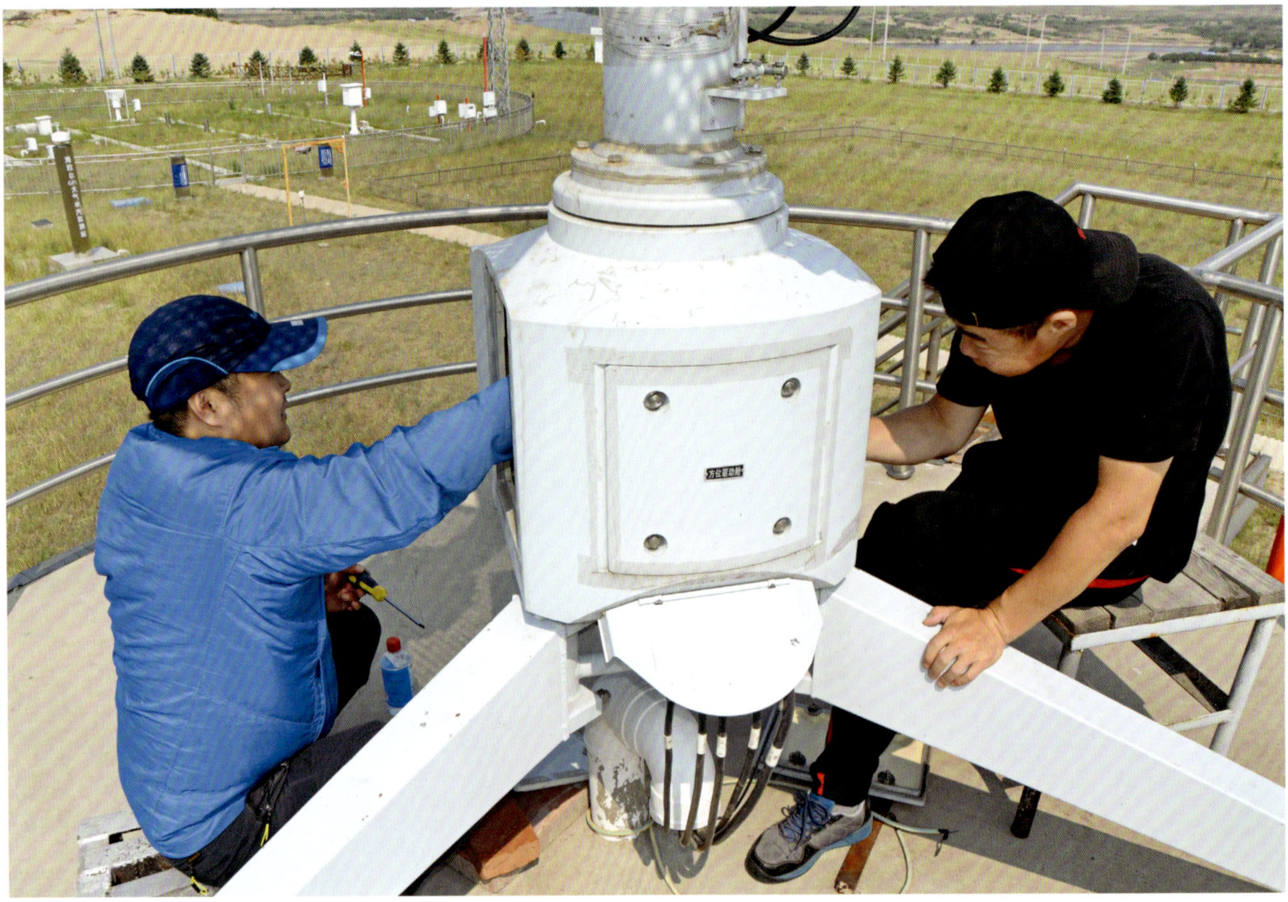

▲ L波段探空雷达维修

▲ 检查 GPS—MET 水汽监测站

▲ 维护第十四届全国冬季运动会观测设备

▲ 微波辐射计安装

气象预报预测

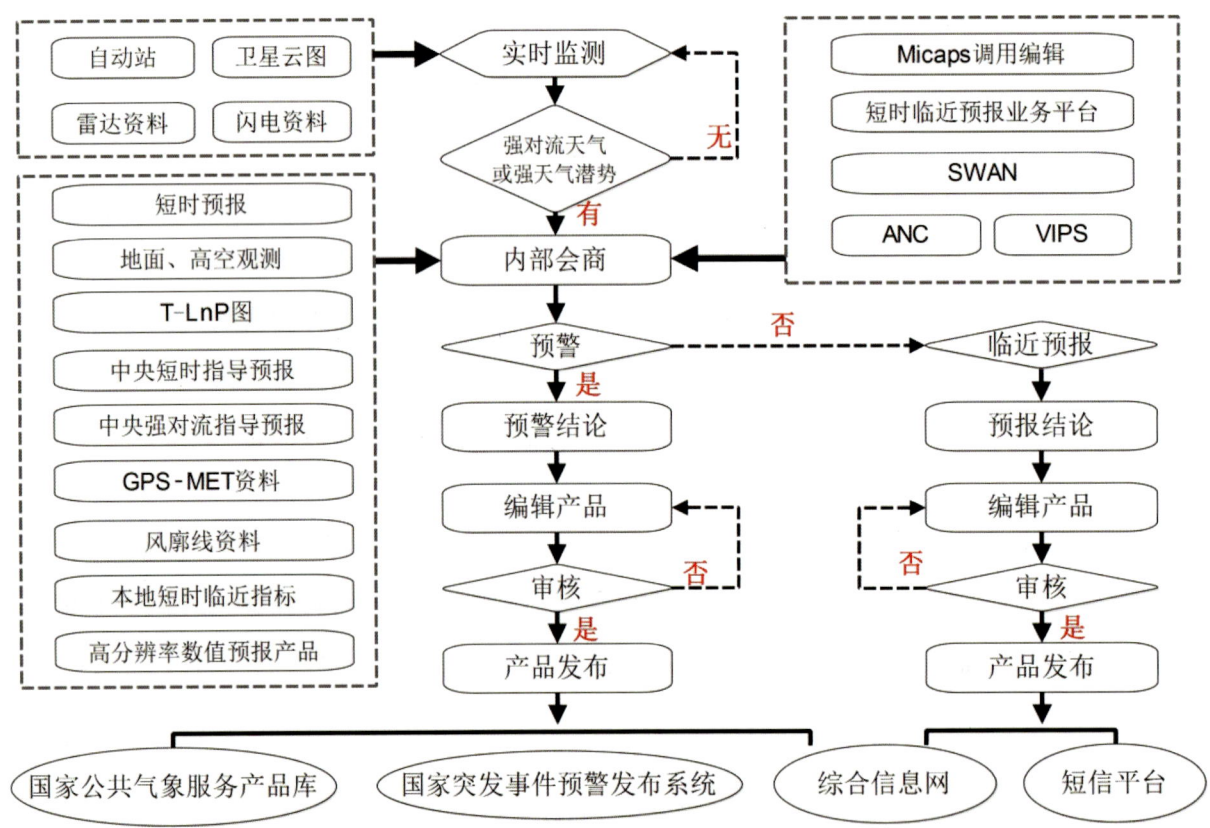

▲ 临近预报预警业务工作流程

▲ 预报司关于山西等 16 省（区、市）智能网格预报单轨业务运行的通知

▲ 内蒙古自治区气象局科技与预报处关于智能网格预报单轨业务运行的通知

▲ 内蒙古自治区气象局办公室关于印发《内蒙古自治区短时临近天气业务规定（试行）》的通知

▲ 内蒙古自治区气象局科技与预报处关于推进气候预测业务集约化试点工作的通知

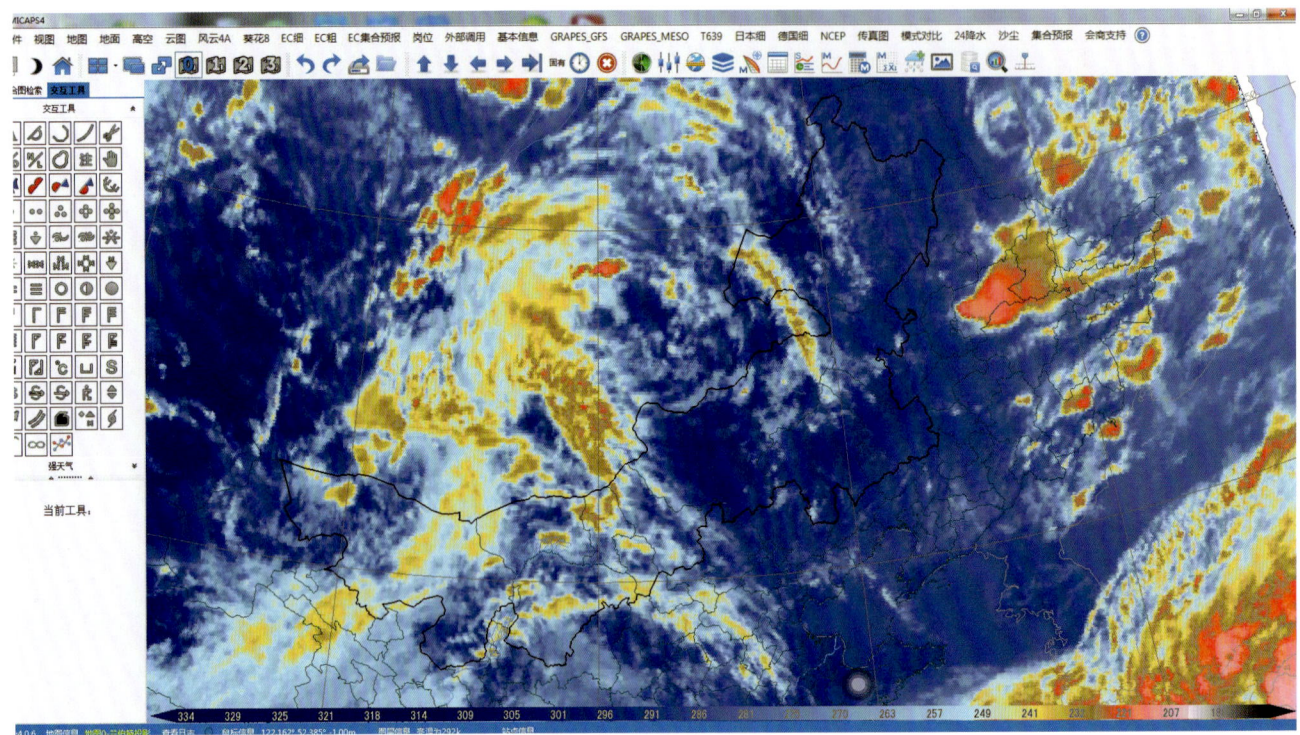

▲ MICAPS4 系统界面

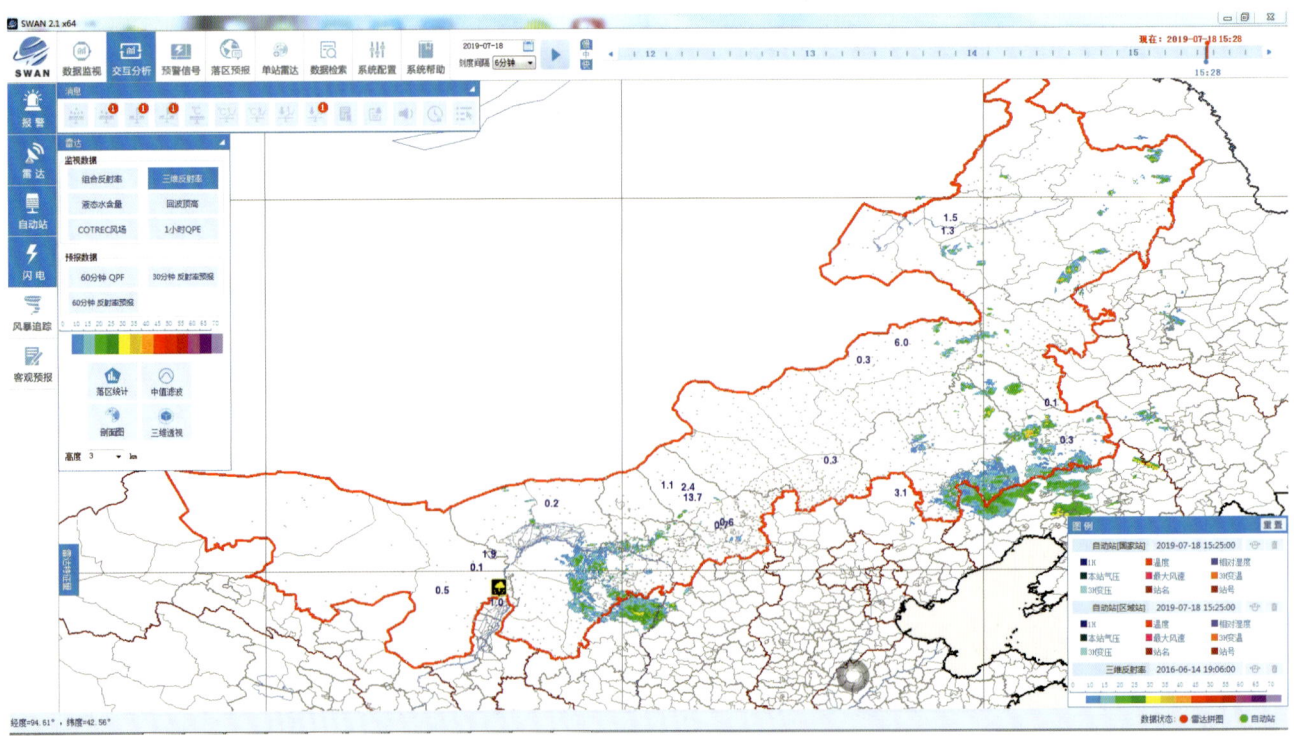

▲ SWAN 短时临近预报系统 - 交互分析界面

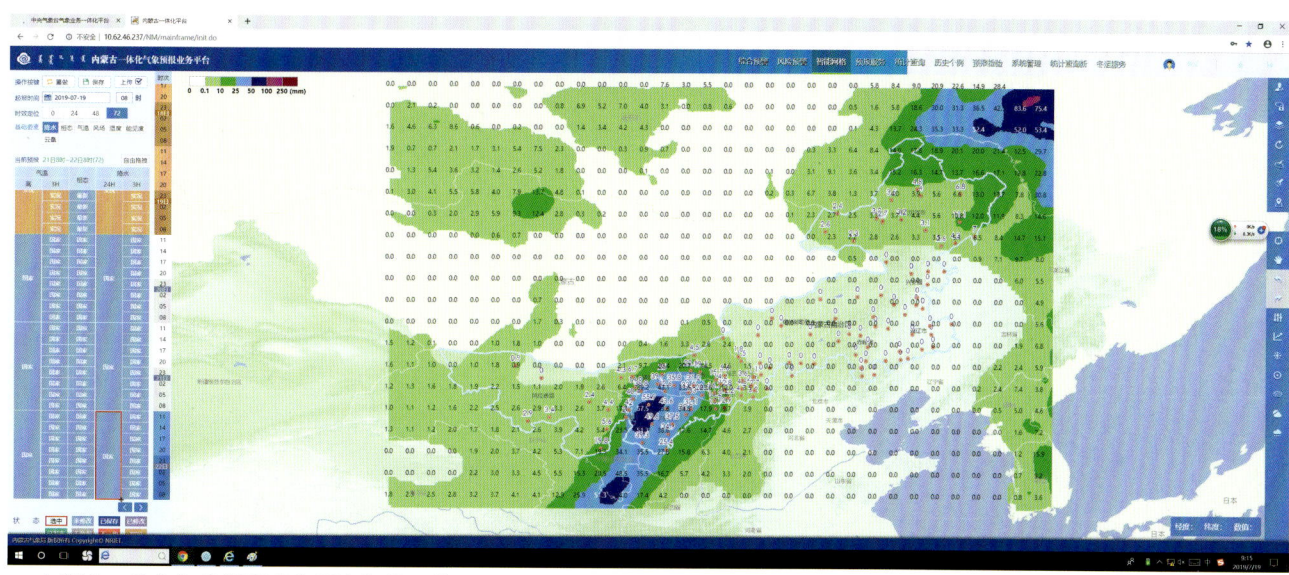

▲ 内蒙古一体化气象预报业务平台智能网格界面

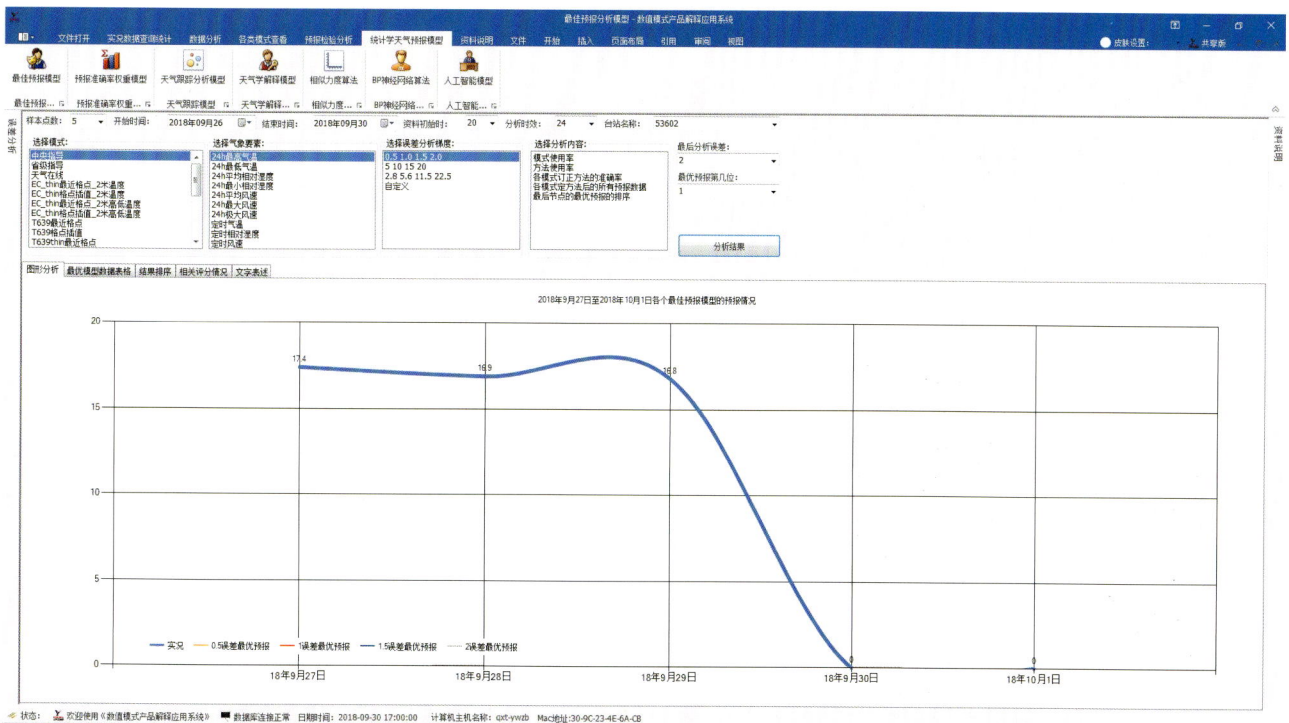

▲ 数值模式产品解释应用系统最佳预报分析模型界面

▲ 内蒙古自治区短期气候预测业务平台V1.0界面

▲ 日光温室气象服务系统小气候监测任意时段监测界面

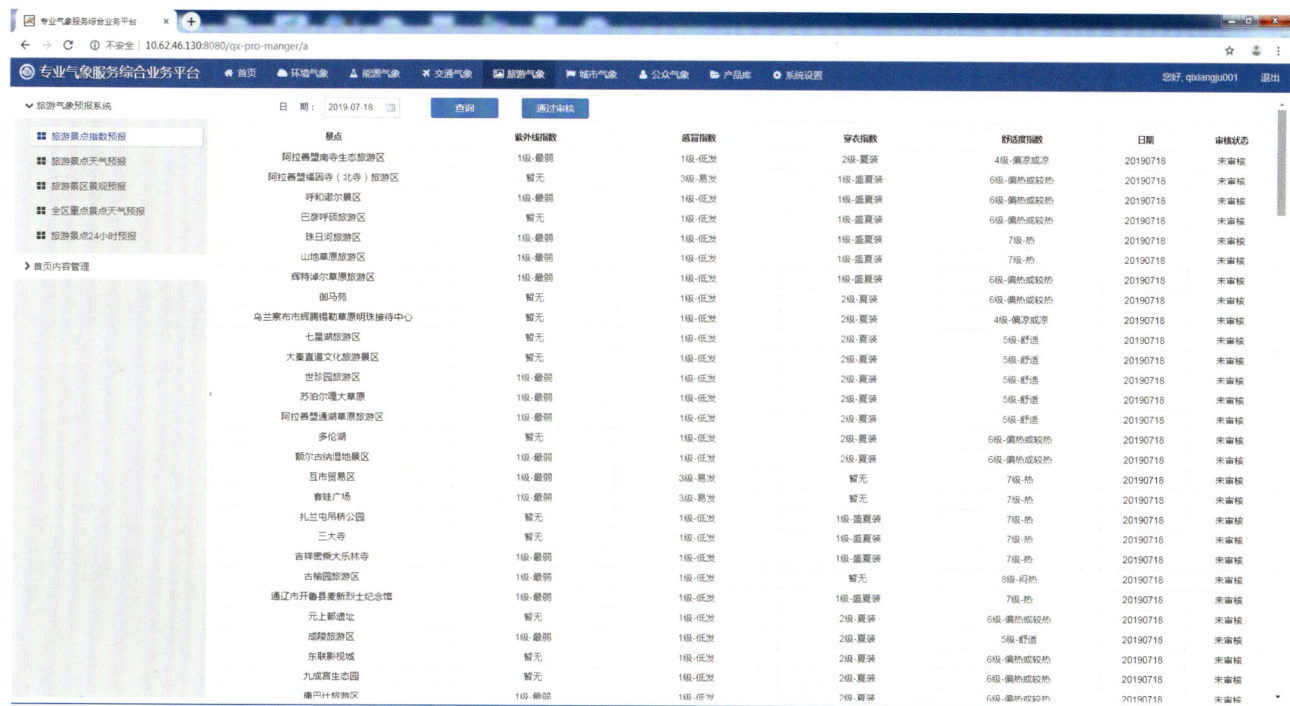

▲ 专业气象服务综合业务平台

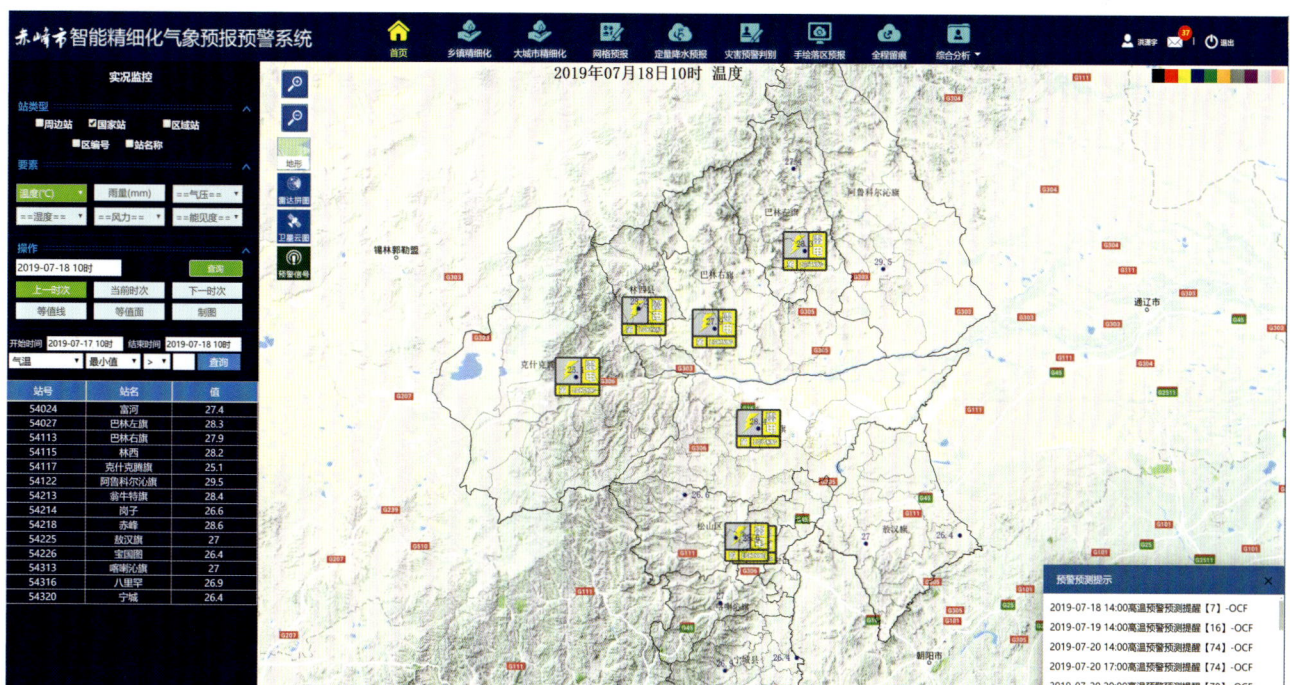

▲ 赤峰市智能精细化气象预报预警系统界面

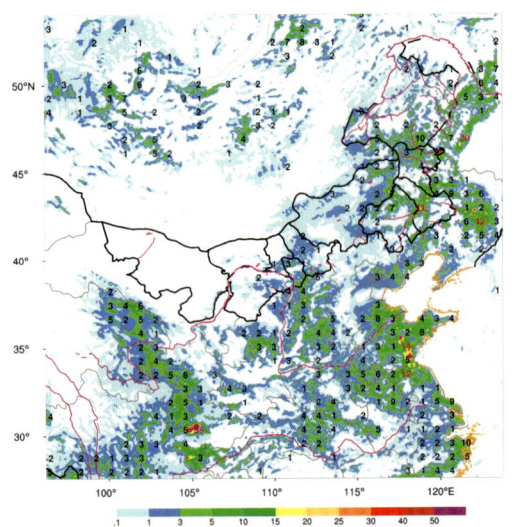
▲ 内蒙古自治区数值预报系统精细化降水产品（单位：mm）

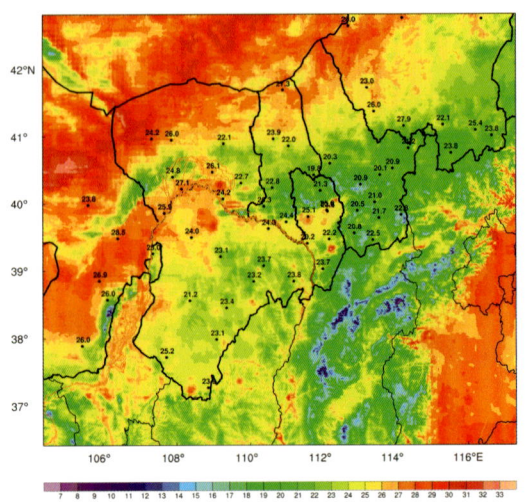
▲ 多源资料融合温度分析产品（单位：℃）

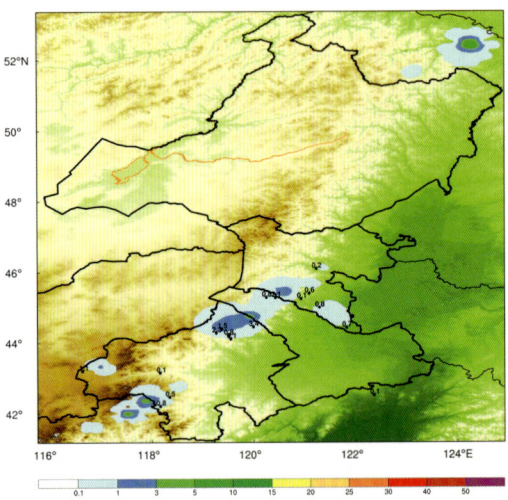
▲ 多源资料融合降水预报产品（单位：mm）

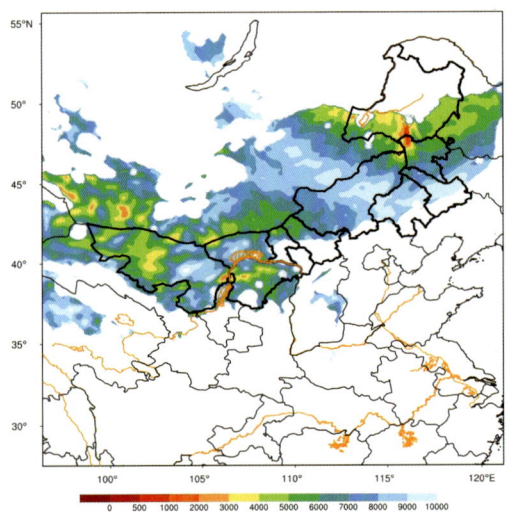
▲ 内蒙古自治区数值预报系统精细化沙尘预报产品（单位：℃）

▲ 国家气候中心指导气候预测业务服务工作

气象信息化建设

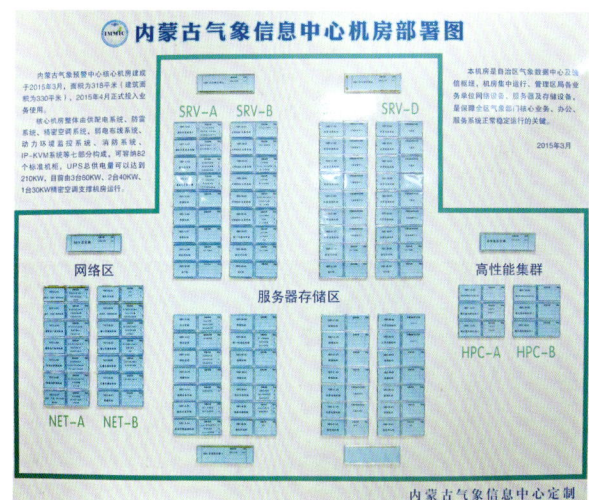

▲ 内蒙古自治区气象信息中心机房部署图

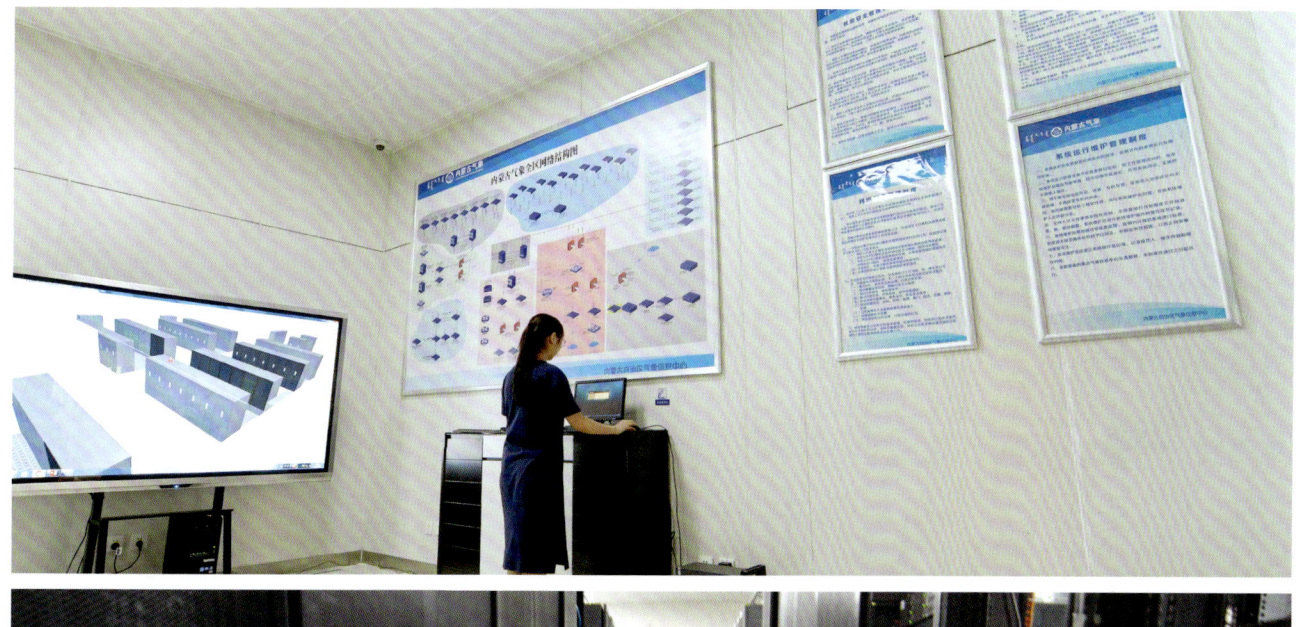

▲ 第三代通信机房

▲ 第三代业务监控平台

▲ 第三代会商场景

▲ 内蒙古自治区气象档案馆(国家一级档案馆)

▲ 内蒙古自治区气象档案馆标准化建设

▲ 内蒙古自治区气象财务档案室（自治区一级档案室）

▲ 20世纪70年代初，通信值班

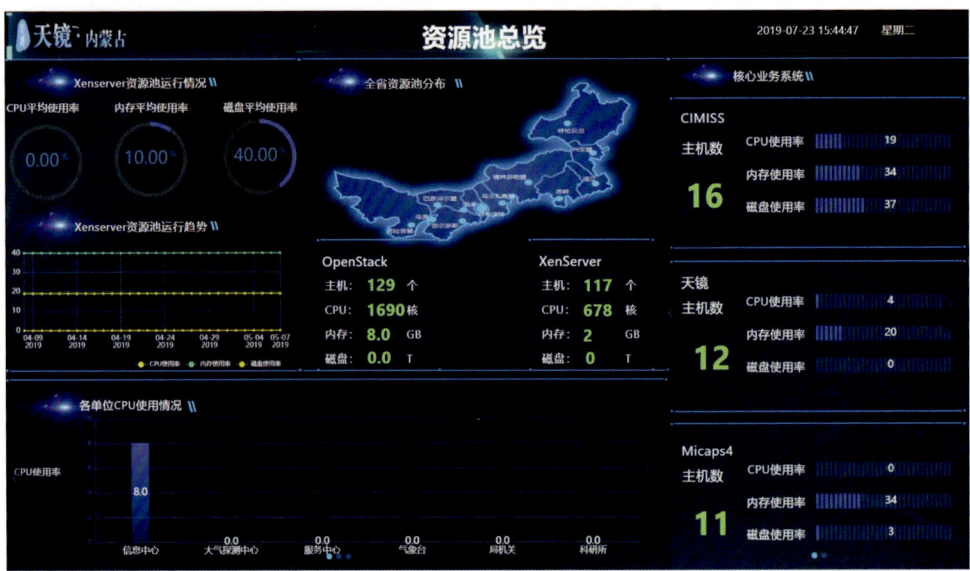
▲ "天镜·内蒙古自治区"监控业务平台界面

▲ 安全态势感知平台外联风险监控界面

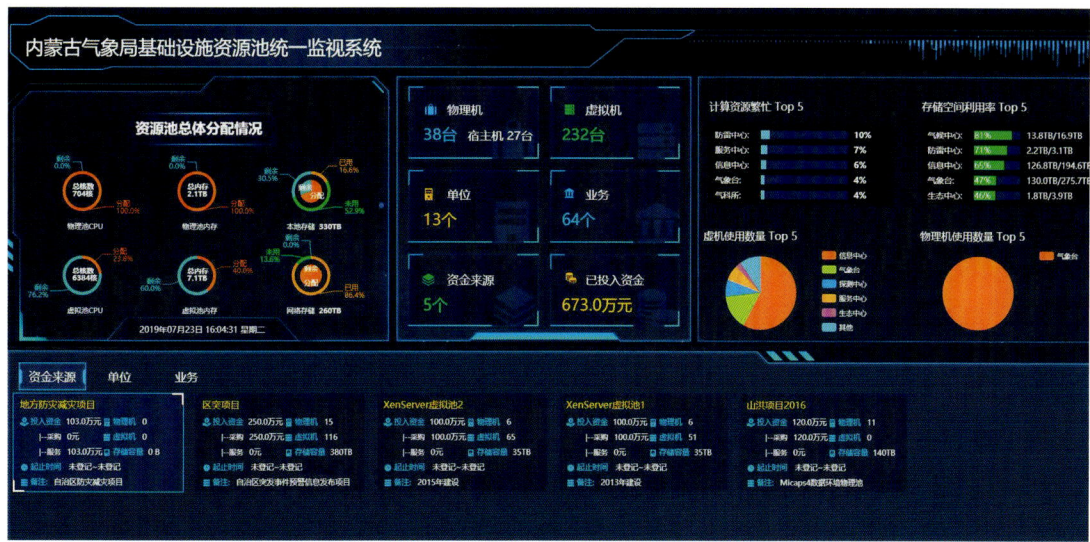

▲ 内蒙古自治区气象局基础设施资源池统一监视系统界面

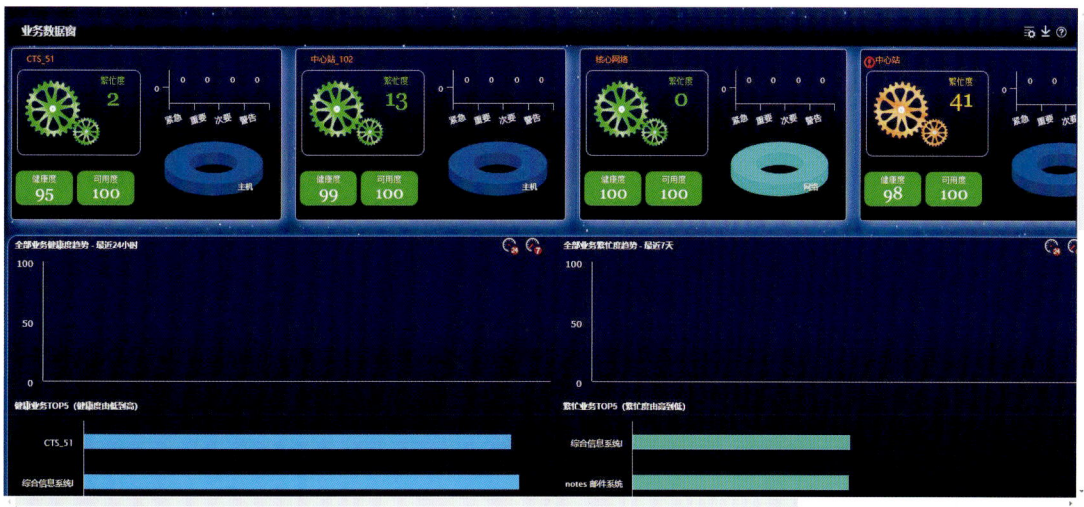

▲ 内蒙古自治区一体化监视平台界面

▲ 网络资源监控界面

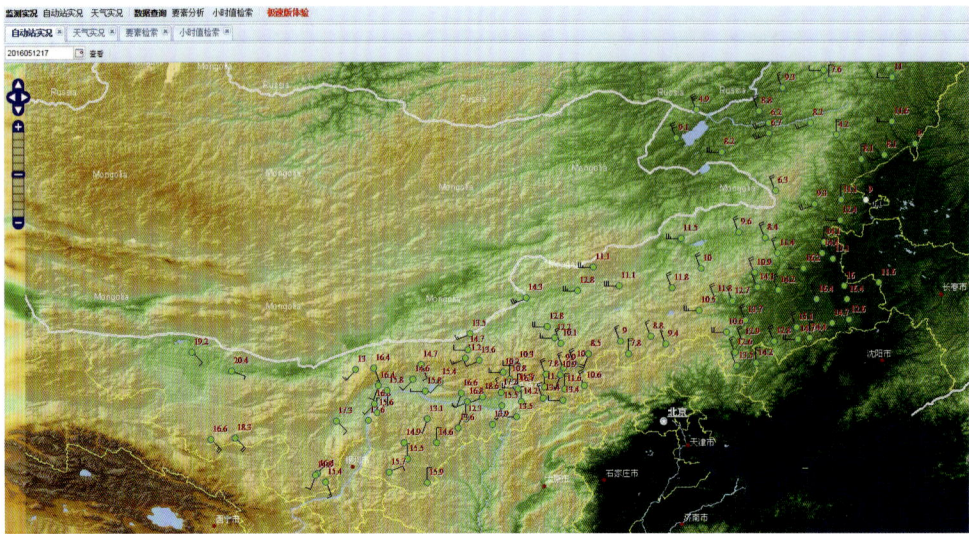
▲ 自动站监测实况界面

▲ 全国综合气象信息共享平台业务监控系统（内蒙古）界面

▲ 气象资料业务系统（MDOS）内蒙古操作平台界面

▲ 内蒙古·气象业务内网界面

▲ 中国天气网内蒙古站界面

■ 服务产品
▲ 内蒙古气象业务内网手机移动 APP 界面

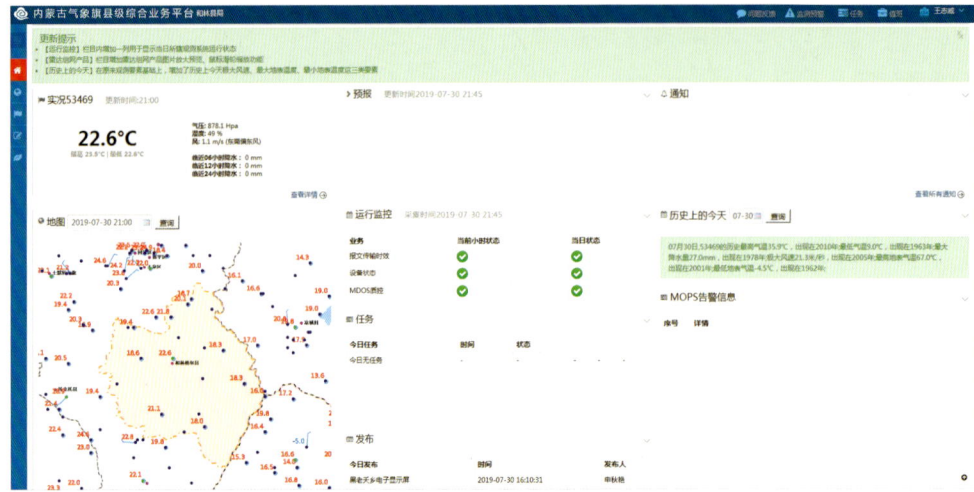

▲ 内蒙古自治区气象旗县级综合业务平台界面

▲ 省级气象技术装备动态管理信息系统界面

▲ 雷达保障管理与实时技术支持系统界面

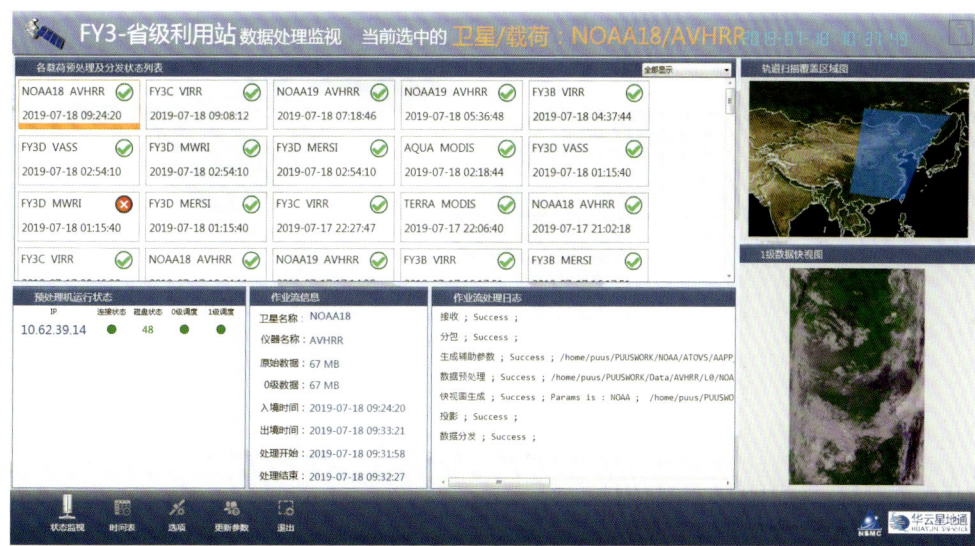

▲ 极轨数据接收系统—FY3 省级利用站数据处理监视界面

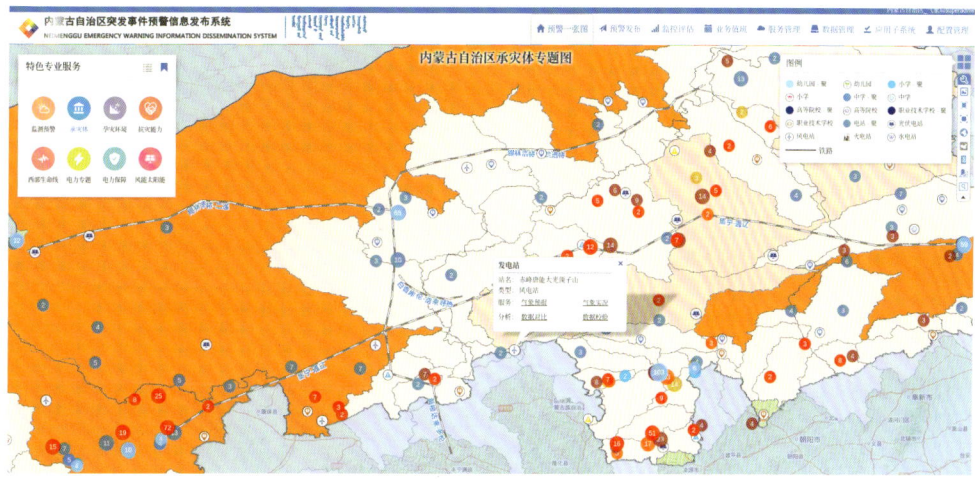

▲ 内蒙古自治区突发事件预警信息发布系统（区突）界面

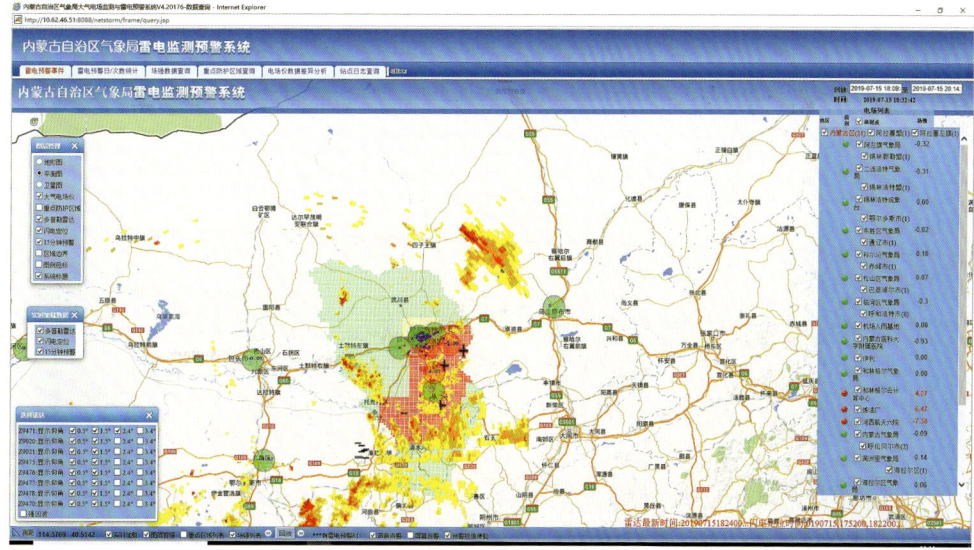

▲ 内蒙古自治区气象局雷电监测预警系统－雷电预警事件界面

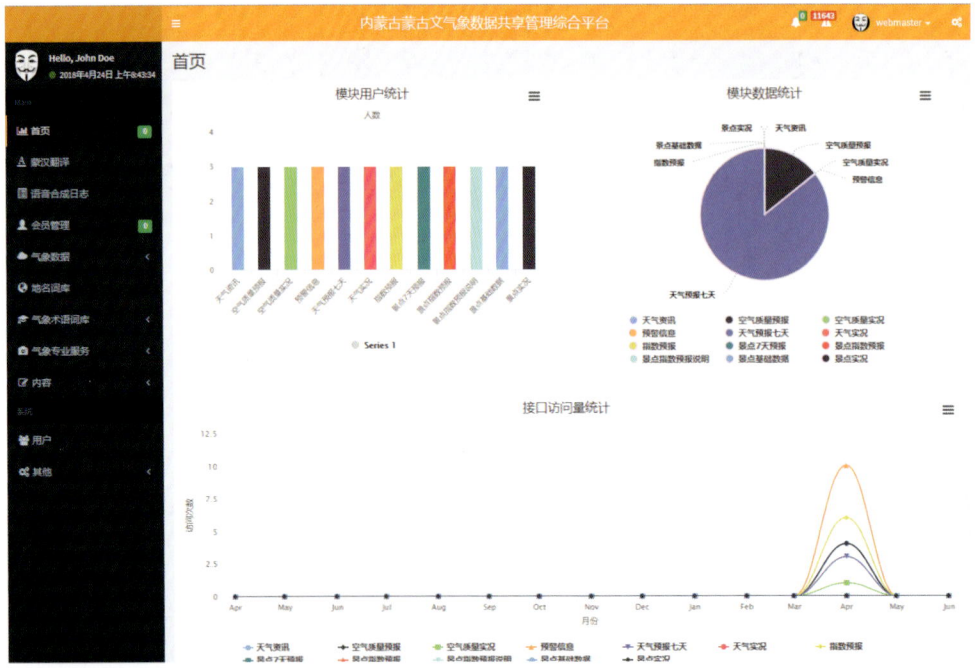

▲ 内蒙古自治区蒙古文气象数据共享管理综合平台界面

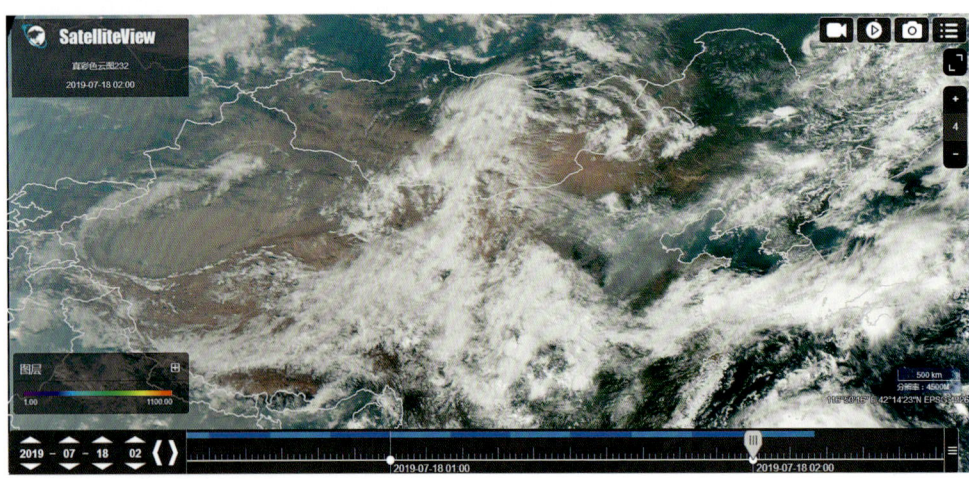

▲ 遥感产品综合展示平台葵花 8 号产品平台

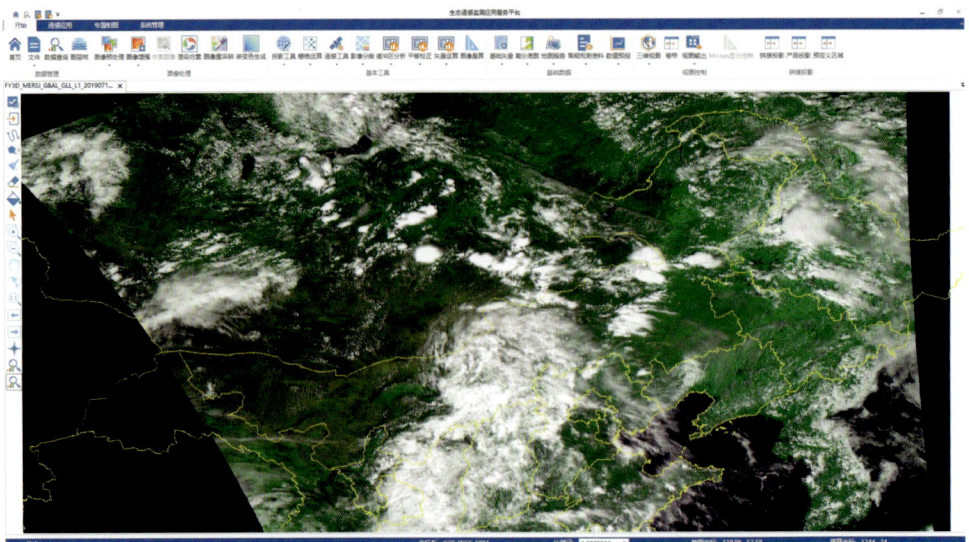

▲ SMART2.0 生态遥感监测应用服务平台界面

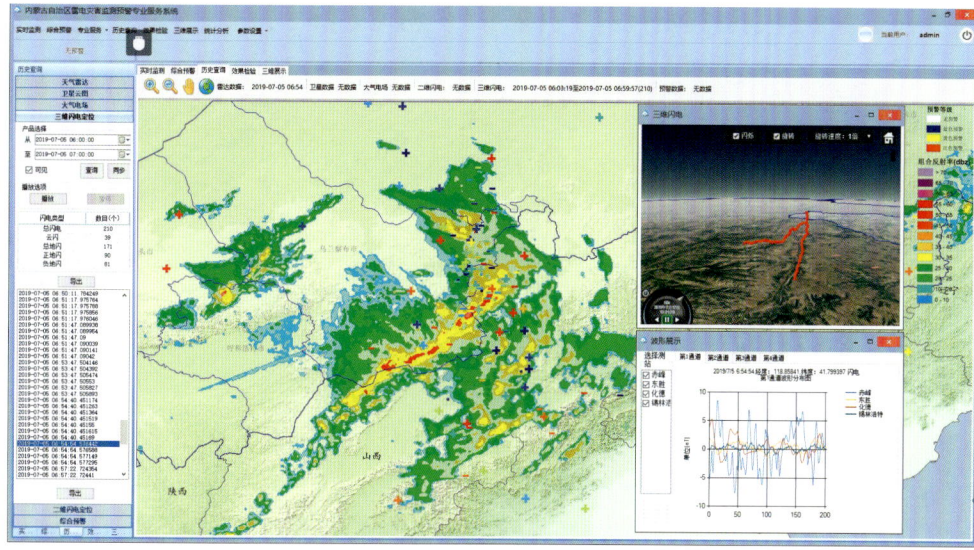

▲ 内蒙古自治区雷电灾害监测预警专业服务系统界面

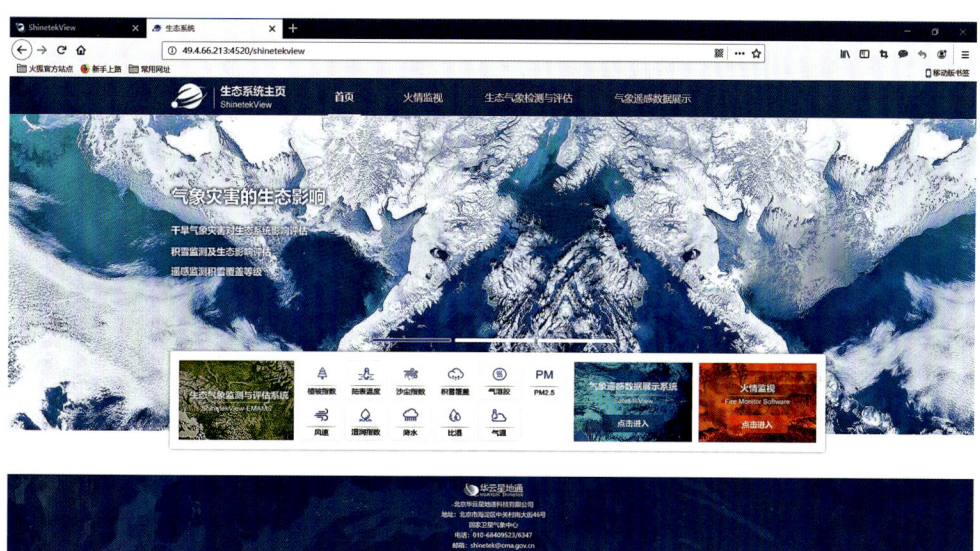

▲ 生态遥感系统

▲ 内蒙古自治区气象局门户网站界面

▲ 内蒙古自治区气象局综合信息系统界面

▲ 阿拉善盟防灾减灾应急信息发布平台界面

▲ 二连浩特市突发事件预警信息发布平台中欧铁路专题图界面

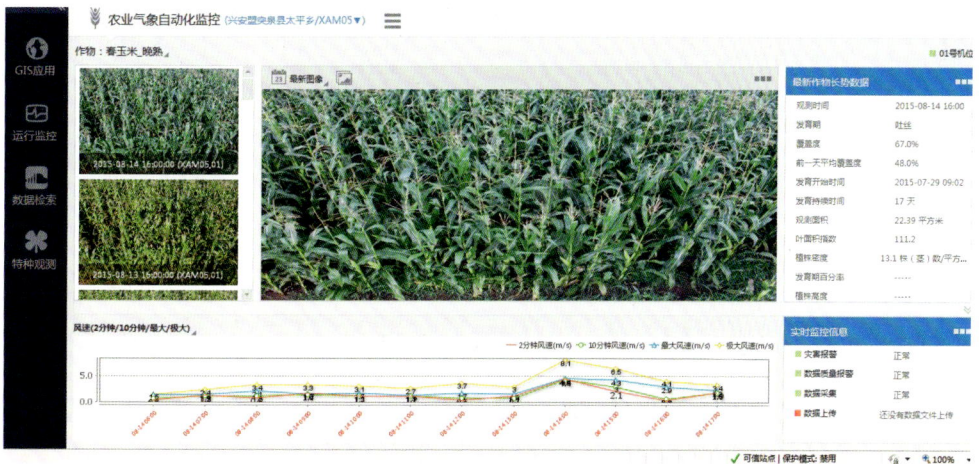
▲ 突泉县农业气象自动化观测系统监测界面

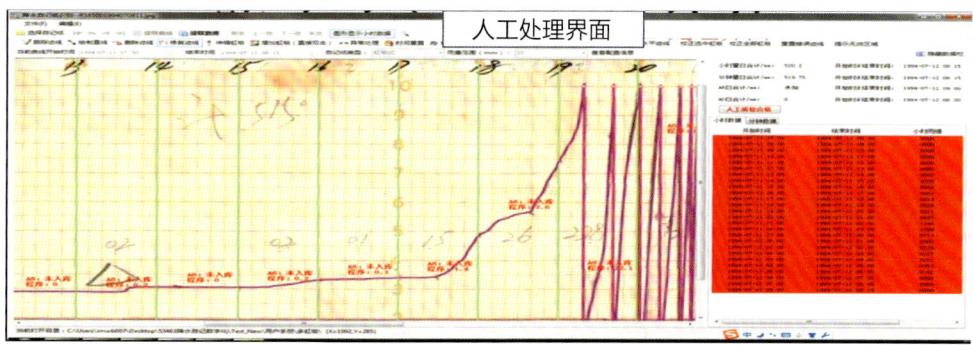
▲ 降水自记纸自动提取软件的界面

▲ 内蒙古自治区发展和改革委员会关于内蒙古自治区气象大数据综合应用平台项目可行性研究报告的批复

▲ 内蒙古自治区发展和改革委员会关于内蒙古自治区气象大数据综合应用平台项目初步设计的批复

▲ 台站工作人员整理高空气象记录档案

▲ 气象档案资料数字化工作场景

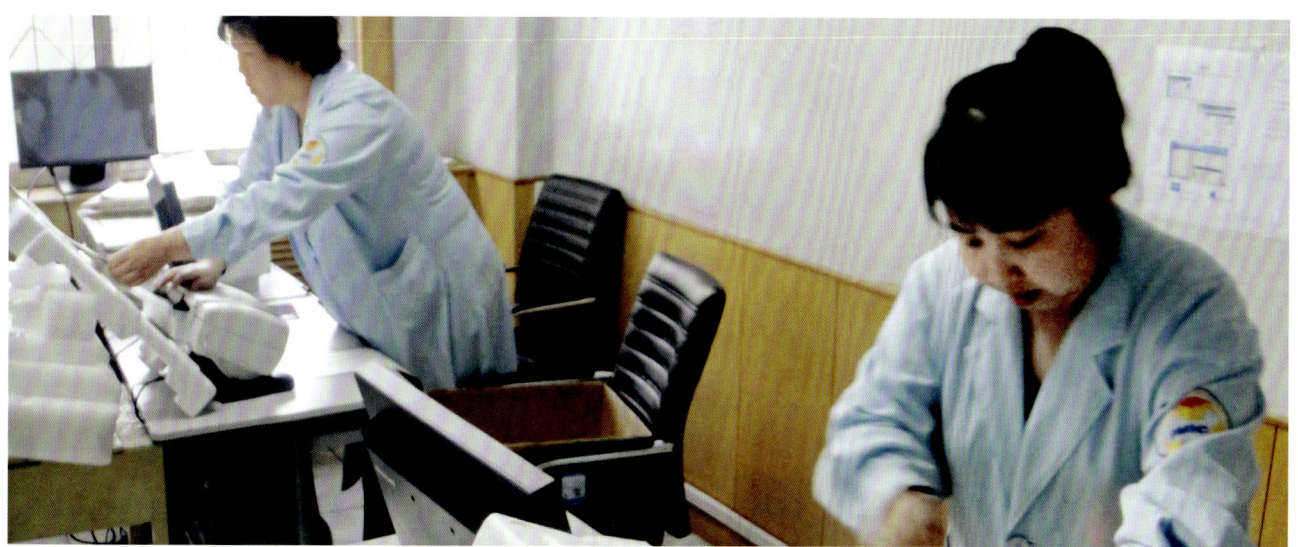
▲ 气象档案资料数字化扫描工作场景

公共气象服务

▲ 内蒙古自治区公共气象服务网界面

▲ 内蒙古气象服务微信公众号界面

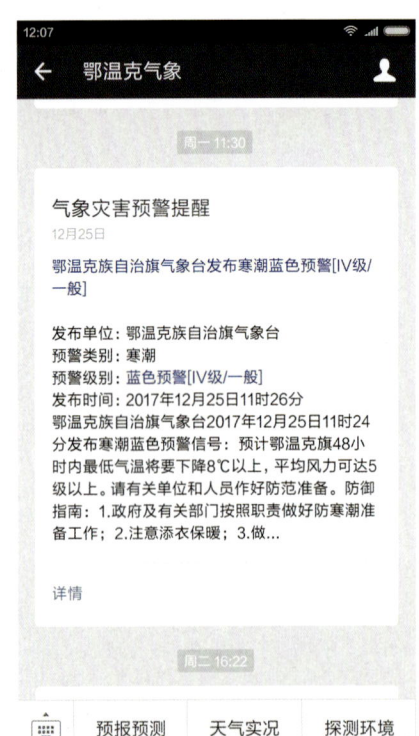

▲ 微信平台发布气象预警信息界面

▲ 内蒙古自治区气象局蒙语气象服务手机 APP 界面

▲ 二连浩特市蒙语天气预报手机 APP 界面

▲ 二连浩特市俄语天气（乡镇预报）手机 APP 界面

▲ 农业天气通手机 APP 界面

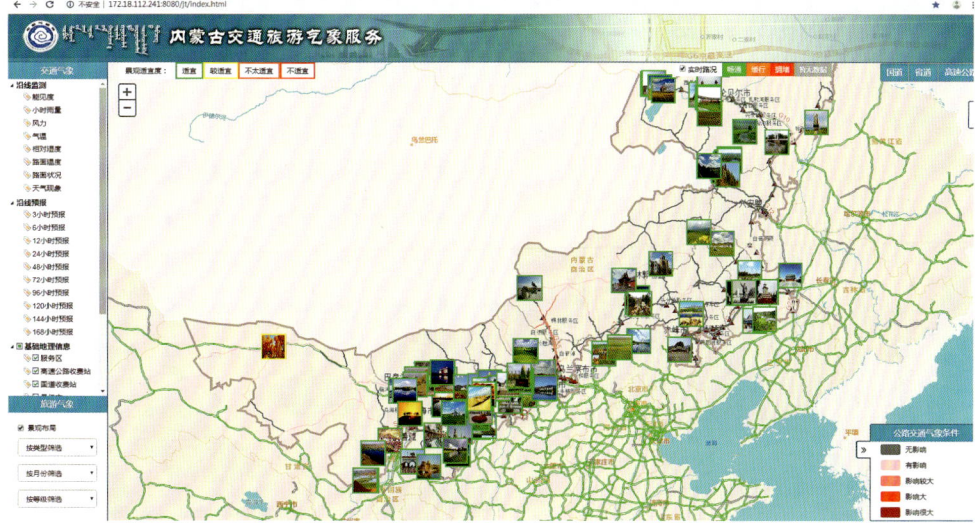
▲ 内蒙古交通旅游气象服务业务系统界面

新中国气象事业 70 周年

▲ 内蒙古公路交通气象服务产品制作系统

▲ 内蒙古自治区决策气象综合服务系统—灾情数据查询界面

▲ 决策服务流程　　　　　▲ 内蒙古自治区决策气象服务手机 APP

▲ 内蒙古自治区智慧农业气象综合服务平台

▲ 内蒙古自治区智慧农业气象业务支撑平台

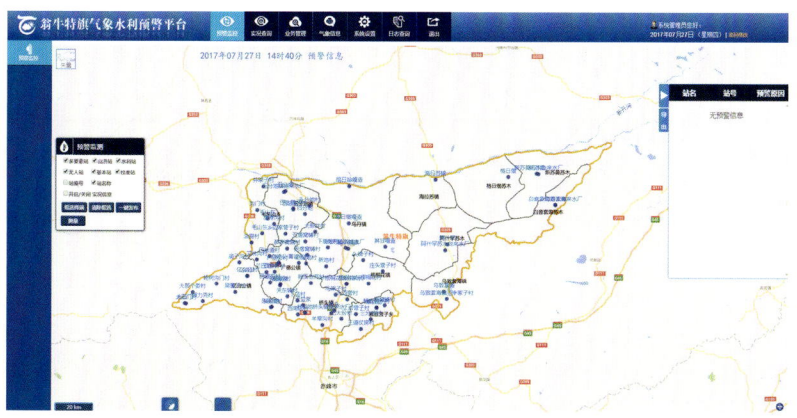

▲ 翁牛特旗气象水利预警平台界面

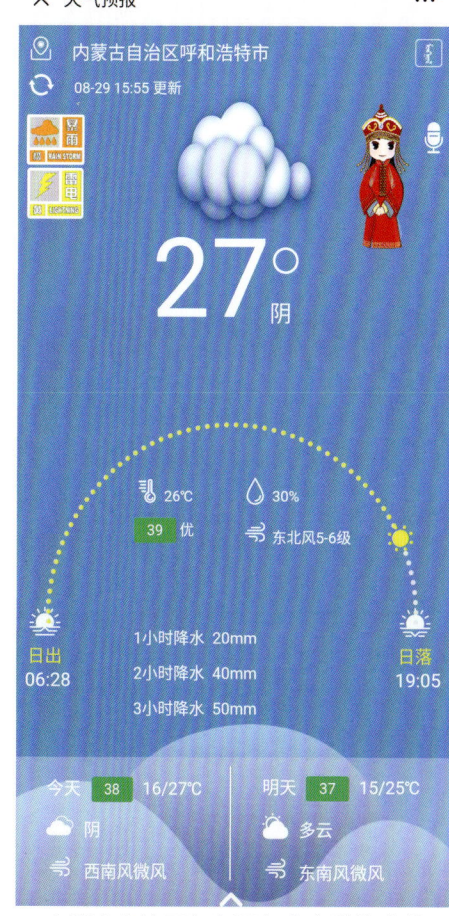

▲ 内蒙古自治区气象服务中心微信企业号界面

气象科技创新篇

　　气象科技创新体系初步形成,创新驱动对事业发展的贡献率与科研成果转化率不断提升。科技投入逐年增加,承担国家科技项目能力明显增强,与国外科技合作不断拓展。2000年至2018年,10项科技成果获得国家级科技奖,在SCI发表科技论文32篇,为气象事业的快速发展提供了有力的科技支撑。积极培养和引进高层次人才,加速开展职工学历教育和岗位培训,举办业务竞赛及创新大赛,组建创新业务团队,以人才培养推动科技创新。积极推进气象科技创新与科学普及"一体两翼"协同发展,围绕世界气象日、防灾减灾日以及气象科技活动周开展了形式多样的气象宣传与科普活动,气象科普工作成效明显。

气象科技发展

▲ 美国俄勒冈州州立大学生态学专家做学术报告

▲ 国家卫星气象中心和内蒙古自治区气象局成立"北方遥感应用试验基地"揭牌仪式

▲ 海峡两岸沙尘暴与环境治理学术研讨会

▲ 荷兰瓦赫宁根大学农业专家 Kees(C.J.)Stigter 教授就"农业气象适用技术推广"做学术报告

▲ 中国气象局周秀骥、李泽椿院士指导内蒙古自治区气象局业务工作

▲ 德国专家来内蒙古自治区气象局讲学

▲ 全区气象科技工作会议会场

▲ 中国气象局援建蒙古国L波段探空系统业务培训班

▲ 非洲英语国家气象行政官员访问内蒙古自治区气象局

▲ 蒙古国气象与环境代表团访问内蒙古自治区气象局

▲ 内蒙古自治区气象局在蒙古国南戈壁巡检设备

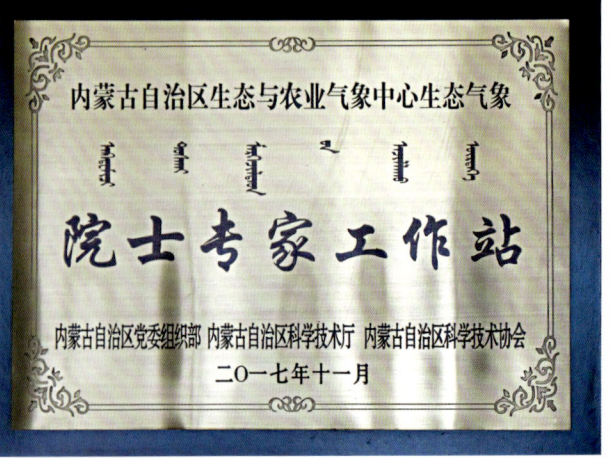
▲ 内蒙古自治区生态与农业气象中心生态气象院士专家工作站

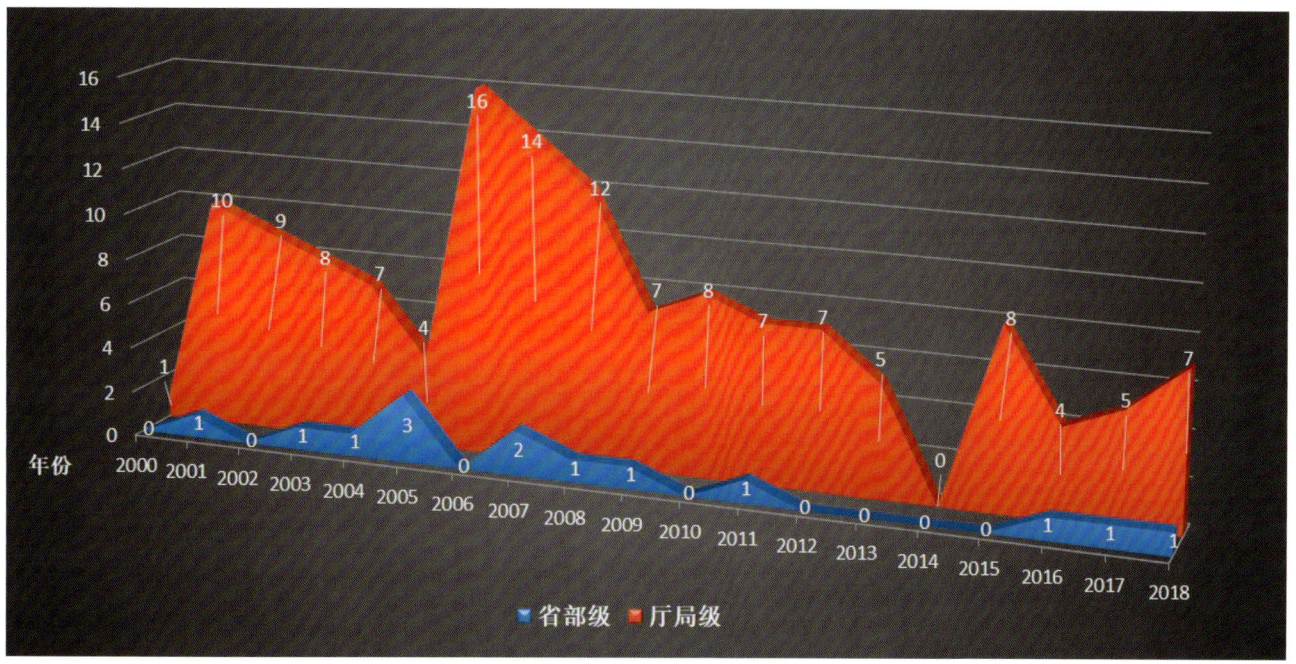
▲ 内蒙古自治区气象部门 2000—2018 年所获科研类奖项情况

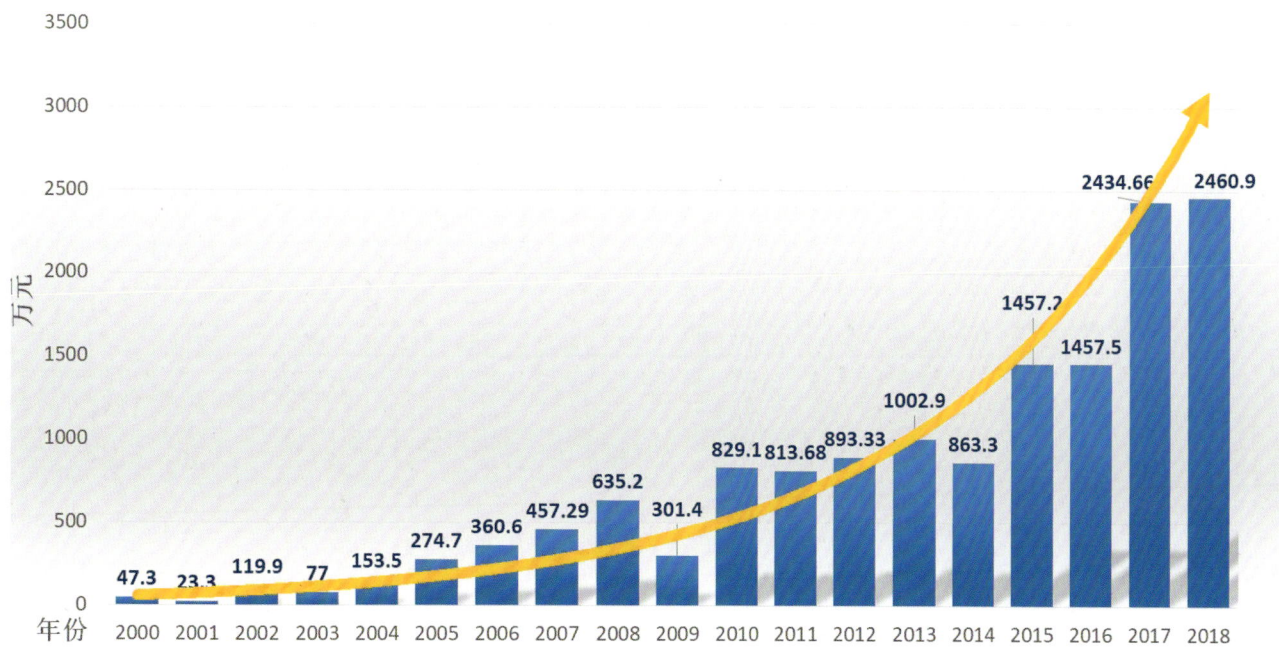
▲ 内蒙古自治区气象部门 2000—2018 年科研经费投入情况

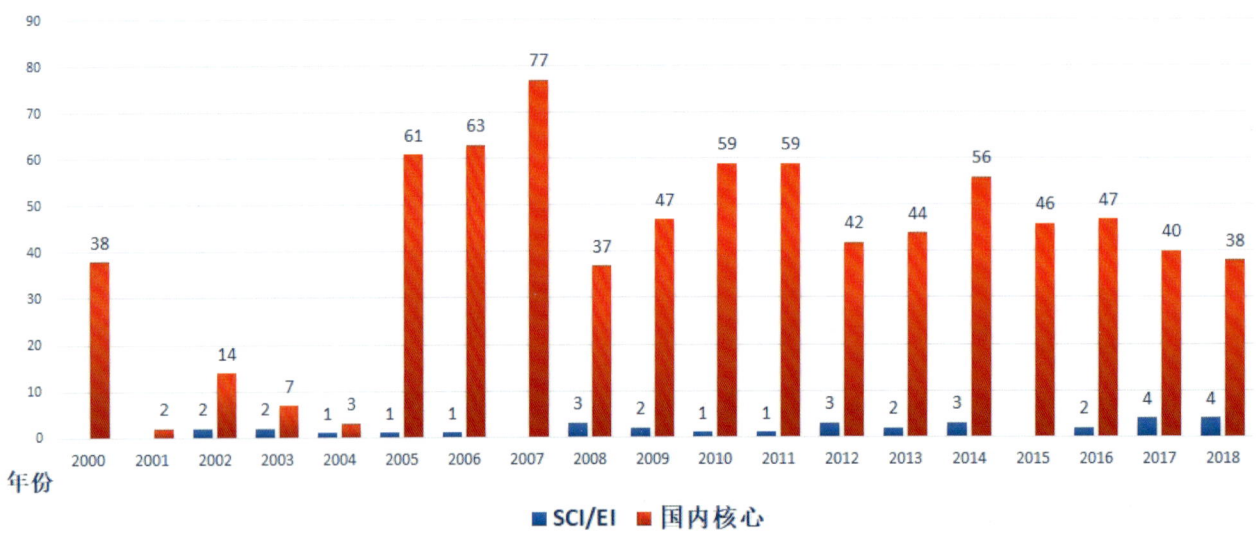

▲ 内蒙古自治区气象部门 2000—2018 年论文发表数量

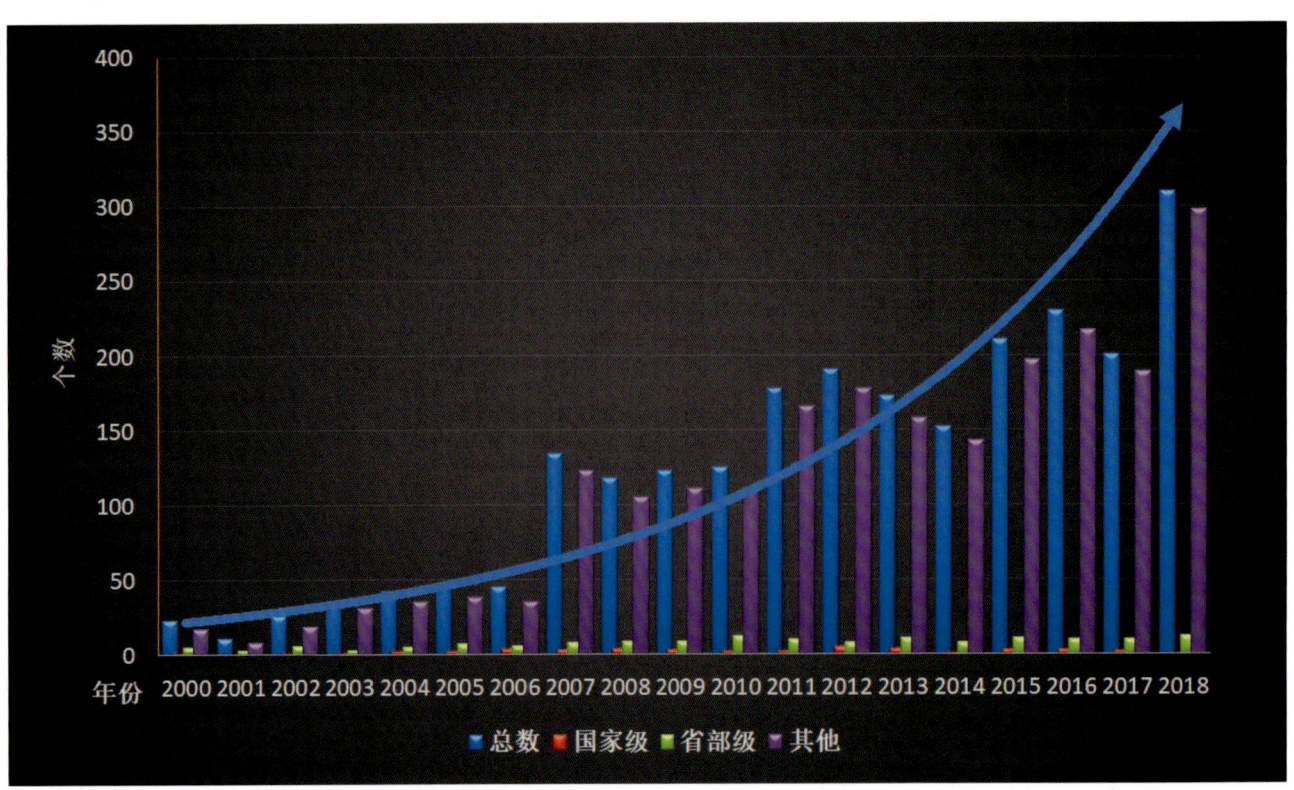

▲ 内蒙古自治区气象部门 2000—2018 年科研立项项目情况

科技人才培养

▲ 内蒙古自治区首届人工影响天气岗位技能竞赛

▲ 与兰州大学合作"3+1"人才培养模式的毕业生

▲ 兰州大学内蒙古自治区气象专业培训班举行结业典礼

▲ 举办全区综合气象业务职工职业技能赛

▲ 2018年全区旗县级气象业务职工职业技能比赛

▲ 2018年内蒙古自治区气象局院士工作站研讨会在锡林浩特市召开

▲ "新天元杯"首届全区气象服务创新大赛决赛

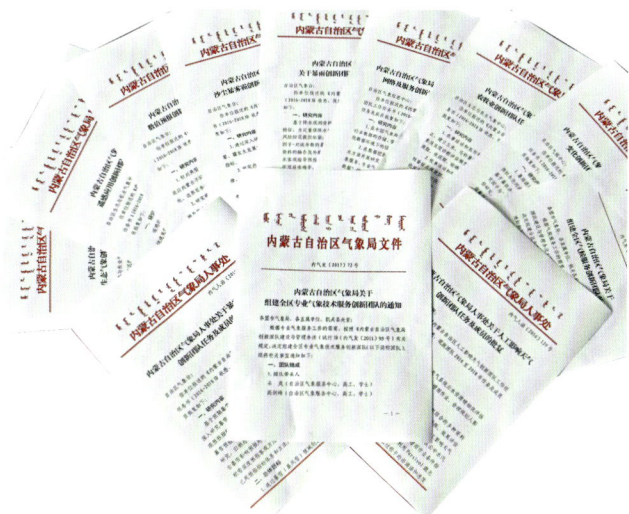

▲ 内蒙古自治区气象局 12 个科研创新团队

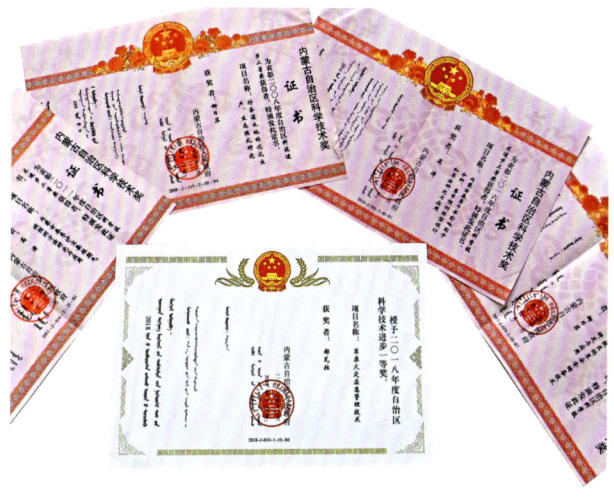

▲ 近十年，获得内蒙古自治区科学技术奖的个人

▲ 20 世纪 90 年代，获得内蒙古自治区科学技术奖的部分单位

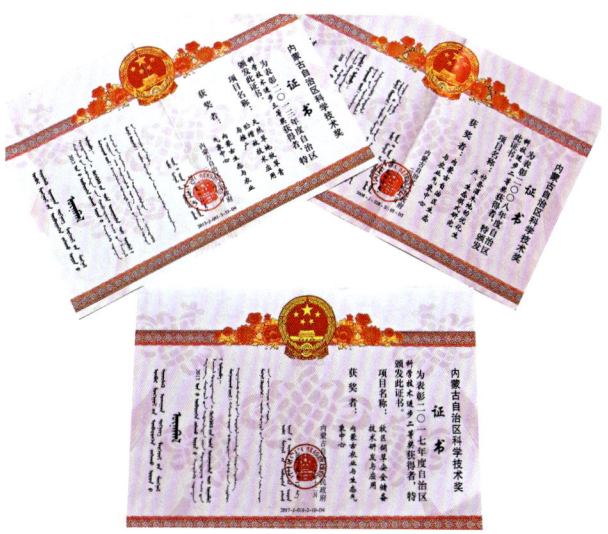

▲ 近十年，获得内蒙古自治区科学技术奖的部分单位

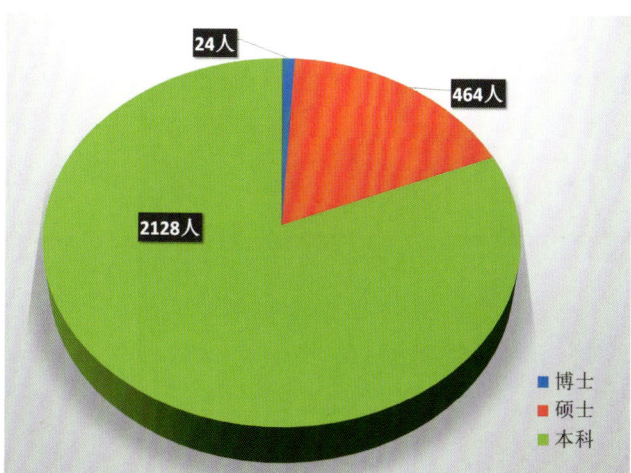

▲ 截至 2018 年年底，内蒙古自治区气象部门在职职工学历结构

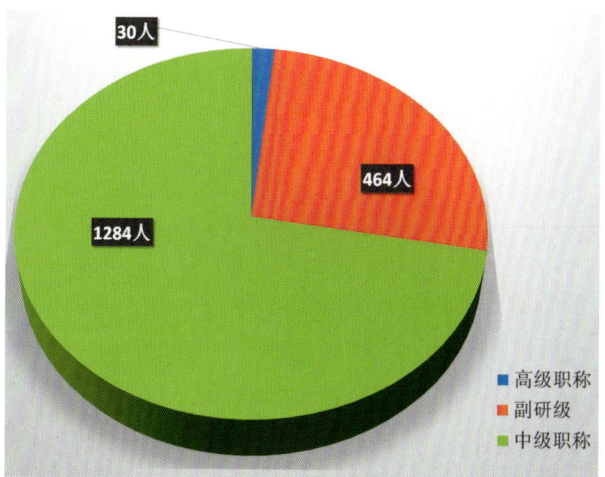

▲ 截至 2018 年年底，内蒙古自治区气象部门在职职工职称结构

气象科学普及

▲ 牧民参观内蒙古自治区气象局观测场

▲ 科技活动周

▲ 世界气象日小学生走进内蒙古自治区气象局

▲ 2012气象防灾减灾宣传志愿者中国行内蒙古自治区队

▲ 阿拉善盟气象局向蒙古族小朋友科普气象知识

▲ 气象科普走进呼和浩特市春蕾小学

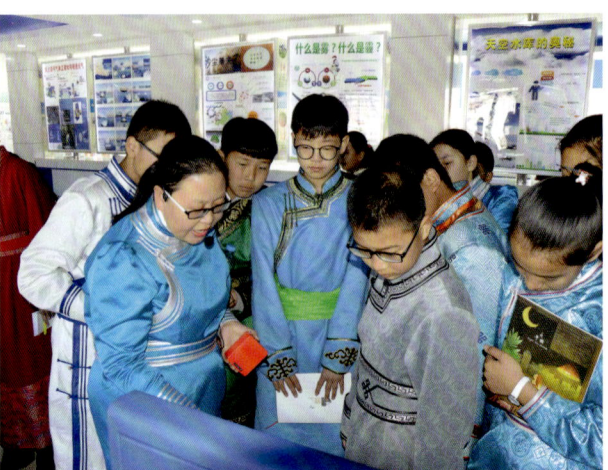
▲ 蒙语讲授气象科普知识

▲ 呼和浩特市机电学院开展世界气象日宣传活动

▲ 达茂旗气象局参加全旗 5·12 气象防灾减灾宣传

▲ 2018 年，气象防灾减灾宣传科普草原行活动在锡林郭勒盟锡林浩特市启动

▲ 北方新报小记者到自治区气象局参观

▲ "气象服务杯"第四届内蒙古气象科普讲解大赛

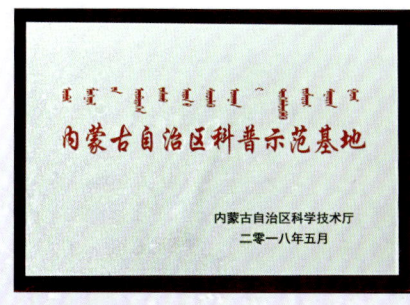 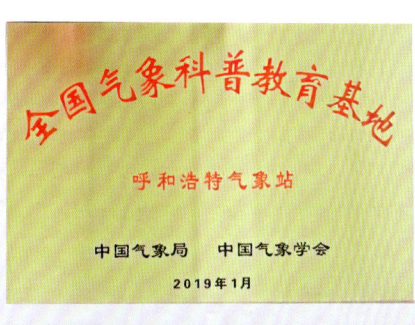

▲ 获评自治区级科普（教育）示范基地 12 个　　▲ 全区共有呼和浩特气象站等全国气象科普教育基地 4 个

▲ 鄂尔多斯气象防灾减灾科普馆

▲ 阿拉善气象科普馆

气象管理体系篇

　　气象管理科学化不断增强,气象改革与法治建设取得可喜成绩。管理手段更加智能,各类管理制度更加健全,管理一体化平台不断完善。自治区先后颁布实施一系列气象法规、规章和政策性文件,稳步推进放管服改革,行政审批落户政务大厅,气象执法更加严格规范,各级气象主管机构认真履行法定职责,全面推进了依法行政和依法管理。

管理体制

▲ 被国家档案局评为科技事业单位档案管理国家一级

▲ 2017年,被人力资源社会保障部和中国气象局评为全国气象工作先进集体

▲ 财务制度汇编

▲ 人事人才工作法规政策制度汇编

▲ 党纪党规材料汇编

▲ 内蒙古自治区气象部门基本建设项目管理手册

▲ 气象法律法规汇编

▲ 全国公务员管理信息系统

▲ 全国离退休干部信息管理系统

▲ 内蒙古自治区气象局综合管理信息系统

▲ 中共内蒙古自治区气象局党组关于印发《中共内蒙古自治区气象局党组工作规则》的通知

▲ 内蒙古自治区气象局关于印发《内蒙古自治区气象局工作规则》的通知

▲ 2006年，全区气象局长工作会议代表

改革和法治建设

▲ 自治区颁布的 6 部省级气象法规

▲ 颁布《自治区气象灾害防御条例》新闻发布会

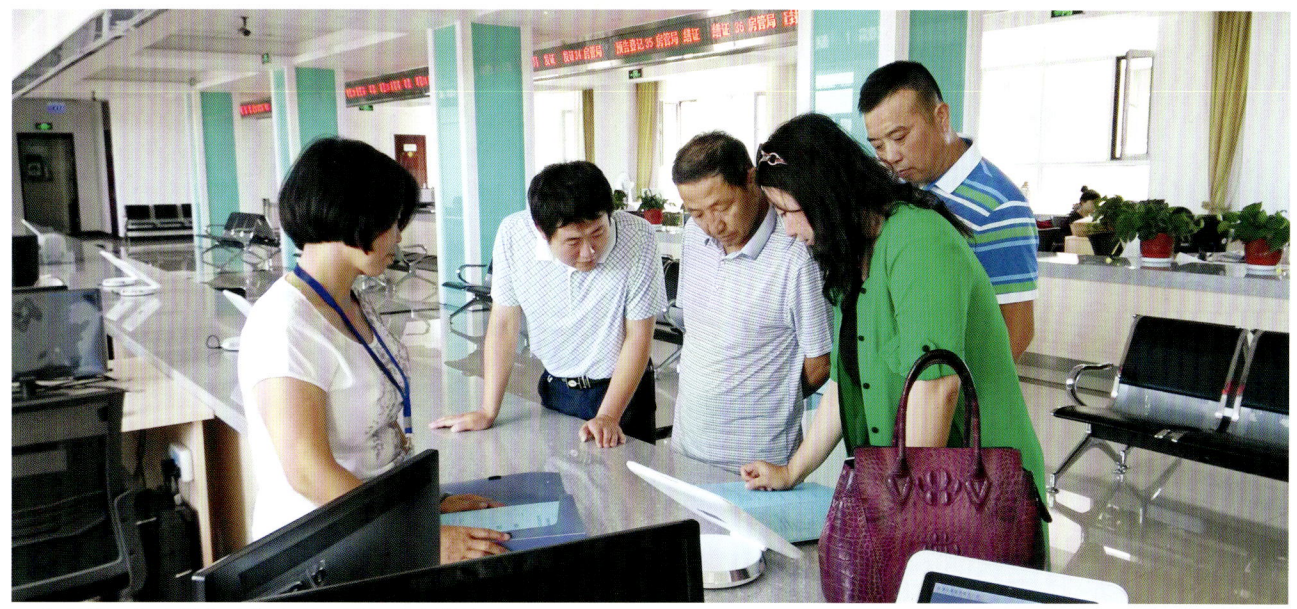

▲ 气象局工作人员在政务大厅了解行政审批情况

▲ 满洲里市旅游气象联合执法

▲ 执法队开展防雷专项执法检查

▲ 世界气象日宣传宪法及气象相关法律法规

▲ 2017年7月13日，中国气象局法规司副司长尹晓毅督导防雷体制改革

▲ 举办第一期气象行政执法监督培训班

▲ 为制订乳液设施防雷技术规范赴牛圈实地勘察

▲《内蒙古气象部门政策法规工作实用手册》

交流与合作篇

  内蒙古自治区气象局十分注重与外界的交流与合作。2004年6月以来，协助有关委办厅局举办"海峡两岸沙尘暴与环境治理学术研讨会""第三届国际沙尘暴与降尘天气专题学术研讨会""农业气象适用技术推广问题研讨会""亚洲沙尘与海洋生态系统（ADOES）""亚洲上层海洋—低层大气（Asian SOLAS）国际研讨会"等，多次与内蒙古自治区相关委办厅局及其他省（市、区）气象部门、高校签署合作协议，开展深入务实的合作。

▲ 中国气象局与内蒙古自治区人民政府共同推进气象为内蒙古自治区经济社会又好又快发展服务合作协议签署仪式

▲ 内蒙古自治区气象局与内蒙古自治区人民广播电台气象新闻信息共享与发布合作签字仪式

▲ 内蒙古自治区气象局与内蒙古大学共建大气科学专业

▲ 内蒙古自治区气象局与内蒙古自治区文化和旅游厅签署合作协议

▲ 内蒙古自治区气象局与内蒙古自治区应急管理厅签署合作协议

▲ 内蒙古自治区气象局与南京信息工程大学签署合作协议

▲ 内蒙古自治区气象局与通辽市人民政府签订合作协议

党建、党风廉政建设和精神文明建设篇

　　始终坚持把党的建设融入气象事业发展之中，充分发挥纪检、工会、共青团、妇委会的积极作用，通过开展党的建设、党风廉政建设、文明单位创建、学习型组织建设、爱国主义教育、文体活动等，实现精神文明建设与事业发展并举，有力推动了全区气象事业又好又快发展。

党建工作

▲ 组织召开内蒙古自治区气象局党组中心组月学习会

▲ 2003年，被中共内蒙古自治区直属机关工作委员会授予先进基层党组织

▲ 2019年，被中共内蒙古自治区直属机关工作委员会授予党建工作先进单位

▲ 自治区党的十九大精神宣讲团成员在内蒙古自治区气象局作专题辅导

▲ 中国气象局主题教育第六巡回指导组指导区气象局开展"不忘初心、牢记使命"主题教育

▲ "不忘初心 牢记使命"主题教育研讨交流暨"两优一先"表彰会

▲ 区直机关党建工作第四联系片区"两学一做"学习教育现场汇报交流会在内蒙古自治区气象局召开

▲ 内蒙古自治区气象局参加2018年全国气象部门全面从严治党工作视频会议

▲ 内蒙古自治区气象局参加区直属机关2015年党建工作述职评议考核会议

▲ 2017年盟市局长述责述职述廉大会

党建、党风廉政建设和精神文明建设篇　**内蒙古**

▲ 内蒙古自治区气象局在区直属机关第一次党建工作论坛上交流经验做法

▲ 内蒙古自治区气象局党员重温入党誓词

▲ 内蒙古自治区直属机关工委党的工作综合督查组检查支部标准化建设

▲ 内蒙古自治区气象局团委赴武川爱国主义教育基地参观践学

▲ 内蒙古自治区气象局参加"知党情 颂党恩 立斗志 促发展"党建知识竞赛

▲ 内蒙古自治区气象局到大青山红色文化公园参观红色教育基地，现场接受革命传统教育

▲ 内蒙古自治区气象局党员在红色教育基地重温入党誓词

▲ 内蒙古自治区气象局开展主题党日活动

▲ 内蒙古自治区气象局参加全区组织工作会议并作交流

▲ 内蒙古自治区气象局副局长乌兰巴特尔（一排左二）赴旗县开展党建调研

▲ 中国气象局副局长许小峰（中）出席内蒙古自治区气象局干部大会

▲ 内蒙古自治区气象局机关党建活动室

党风廉政建设

▲ 2016年全区气象部门党风廉政建设工作会议

▲ 道德讲堂：党风廉政建设永远在路上

▲ 内蒙古气象部门优秀廉政文化作品展评活动

▲ 2017年全区气象部门党建纪检工作视频会议

▲ 组织职工参观警示教育基地

▲ 2018年9月17日，内蒙古自治区气象局党志成（中）局长参观廉政文化展览

▲ 中国气象局党组巡视组向自治区气象局党组反馈专项巡视情况

▲ 2017年全区气象部门纪检监察审计培训班

▲ 内蒙古自治区气象部门贯彻落实八项规定会议

▲ 纪检监察文件汇编

▲ 内蒙古自治区气象局在纪检干部知识竞赛中获三等奖

精神文明建设

▲ 2017年,被中央精神文明建设指导委员会授予全国文明单位

▲ 2018年,被共青团内蒙古自治区委员会授予全区五四红旗团委

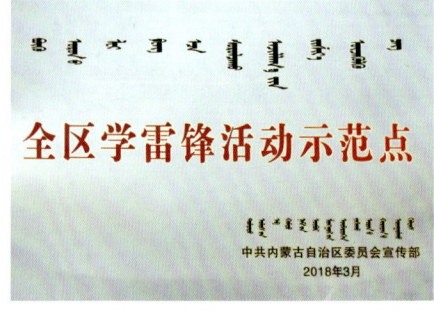
▲ 2018年,被中共内蒙古自治区委员会宣传部授予全区学雷锋活动示范点

▲ 内蒙古自治区气象局代表全区民族团结模范集体在全区作先进事迹报告

▲ 2013年,内蒙古自治区拐子湖气象站职工进京参加全国总工会五一活动

▲ 内蒙古自治区气象局荣获自治区直属机关"五星级工会组织"

▲ 2013年,多家中央媒体记者与拐子湖气象站职工面对面交流

▲ 内蒙古自治区气象局举办"学习十九大精神 践行社会主义核心价值观"道德讲堂活动

▲ 内蒙古自治区气象局在民族团结进步先进事迹报告会上发言

▲ 内蒙古自治区气象局职工之家揭牌

▲ 内蒙古自治区气象局青年文明号揭牌

▲ 内蒙古自治区气象局邀请党校教授作诚信教育讲座

▲ 内蒙古自治区气象局开展清明缅怀革命先烈参观活动

▲ 内蒙古自治区气象局开展"爱党爱国 纪念端午"传统文化教育展演活动

▲ 内蒙古自治区气象局组织"抗战胜利纪念日"缅怀先烈活动

▲ 在世界气象日期间举办"我和我的祖国"快闪活动

▲ 在全国气象部门演讲比赛中荣获一等奖

▲ 内蒙古自治区气象局庆祝建党九十周年红色歌曲合唱比赛

▲ 内蒙古自治区气象局举办庆祝"3·8"妇女节108周年联欢会

▲ 内蒙古自治区气象局参加自治区成立70周年直属机关老年专场文艺演出

▲ 内蒙古自治区气象局参加直属机关青年"我眼中的内蒙古"诵读活动取得优异成绩

▲ 2005年举办的内蒙古自治区气象部门首届职工运动会

▲ 2016年内蒙古自治区气象局直属机关庆五一职工乒乓球比赛

▲ 内蒙古自治区气象局参加区直属机关"公仆杯"篮球赛

◀ 内蒙古自治区气象局参加区直机关跳绳比赛

◀ 内蒙古自治区气象局举办趣味体验式活动

◀ 内蒙古区直机关精神文明建设现场经验交流会议在气象局举行

党建、党风廉政建设和精神文明建设篇 | 内蒙古

▲ 内蒙古自治区气象局开展学雷锋志愿服务献血活动

▲ 内蒙古自治区气象局组织"中国梦"五四青年节展板活动

▲ 内蒙古气象部门运动会排球赛场风采

台站风貌篇

基层基础设施建设效益明显,传统周期性建设模式得到改观,持续发展基础更加牢固。完成拐子湖等近 90 个台站综合条件提升,旗县局及县以下艰苦站办公环境明显改善。足额发放艰苦地区和台站在职人员地方津补贴,基层职工收入增长明显。基层工作生活环境持续改善,区域间、层级间发展更加协调,职工工作主动性、积极性、创造性得到进一步增强。

▲ 内蒙古自治区气象局

▲ 呼和浩特市气象站

▲ 包头市满都拉气象站

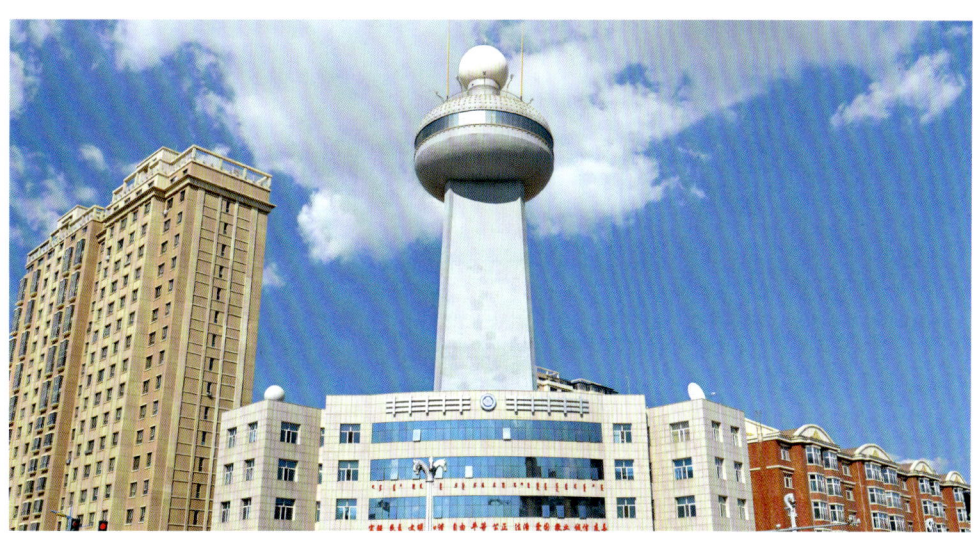
▲ 呼伦贝尔市气象局

▲ 兴安盟突泉县气象局

▲ 赤峰市宁城县气象局

▲ 通辽市气象局

▲ 锡林浩特国家气候观象台

▲ 乌兰察布市气象局

▲ 鄂尔多斯市杭锦旗气象局

▲ 巴彦淖尔市乌拉特后旗气象局

▲ 乌海市气象局

▲ 阿拉善盟拐子湖气象站

▲ 满洲里市国家基准气候站

▲ 二连浩特市气象局

后记

在中华人民共和国成立 70 周年这一重要时间节点，中国气象局办公室决定组织出版《新中国气象事业 70 周年》系列画册，内蒙古自治区气象局深感出版工作意义重大，这项工作不仅是回顾气象事业 70 周年发展历程、积累重要档案资料的难得契机，也是展现气象事业发展成就、为祖国 70 华诞献礼的重要举措。内蒙古自治区气象局党组高度重视《新中国气象事业 70 周年·内蒙古卷》的编写工作，要求局办公室牵头，全区各级气象部门密切配合，全力以赴做好书稿的编纂工作。

内蒙古气象局办公室认真贯彻落实局党组的有关要求，成立由党志成同志任主任的编委会，积极参加了中国气象局画册分卷组稿工作会，先后召开 6 次专题会议研究部署《新中国气象事业 70 周年·内蒙古卷》编纂工作，两次向全区各级气象部门征集图片。

编辑按照编纂要求，从近千张照片中梳理、筛选、审核、归档、校对，反复斟酌，查找档案，咨询老专家，制作图表。期间正值汛期，各项工作业务繁忙，编写组通力配合、夜以继日地开展工作，精益求精、字斟句酌，圆满完成了编纂任务。全区各级气象部门积极配合，与编写组上下联动，共同为《新中国气象事业 70 周年·内蒙古卷》的编纂工作提供有力支撑。

由于编纂书稿任务繁重，时间紧迫，未及精细审修，漏误在所难免，恳请读者海涵。

▲《新中国气象事业 70 周年·内蒙古卷》编写组工作照